U0750132

内隐权力理论的跨文化研究

杨　芊　著

浙江工商大學出版社
ZHEJIANG GONGSHANG UNIVERSITY PRESS
· 杭州 ·

图书在版编目（CIP）数据

内隐权力理论的跨文化研究 / 杨芊著 . — 杭州：
浙江工商大学出版社，2021.12
　　ISBN 978-7-5178-3851-7

　　Ⅰ . ①内… Ⅱ . ①杨… Ⅲ . ①行为主义—心理学
Ⅳ . ① B84-063

中国版本图书馆 CIP 数据核字（2020）第 081466 号

内隐权力理论的跨文化研究
NEIYIN QUANLI LILUN DE KUA WENHUA YANJIU
杨 芊 著

责任编辑	张晶晶
责任校对	韩新严
封面设计	林朦朦
责任印制	包建辉
出版发行	浙江工商大学出版社
	（杭州市教工路 198 号　邮政编码 310012）
	（E-mail：zjgsupress@163.com）
	（网址：http://www.zjgsupress.com）
	电话：0571-88904980，88831806（传真）
排　　版	杭州红羽文化创意有限公司
印　　刷	浙江全能工艺美术印刷有限公司
开　　本	880mm×1230mm　1/32
印　　张	8.25
字　　数	152 千
版 印 次	2021 年 12 月第 1 版　2021 年 12 月第 1 次印刷
书　　号	ISBN 978-7-5178-3851-7
定　　价	68.00 元

版权所有　侵权必究
如发现印装质量问题，影响阅读，请与营销与发行中心联系调换
联系电话　0571-88904970

引　言

　　社会心理学领域的经典著作《社会心理学手册》（*Handbook of Social Psychology*）（Fiske, Gilbert, Lindzey, 2010）是了解社会心理学领域的指南，它认为权力的重要性与朝代更迭、民族变迁、政党交替、个人成长都有相似的心理学意义。

　　伯特兰·罗素（Bertrand Russell）承认"社会科学的基本概念是权力，它的意义与物理学的基本概念——'能量'是相同的。……社会动力的规律只能依托权力这一概念来加以理解"（1938, p.10）。这就是人们所说的"权力无处不在"的含义。（《权力的社会心理学》，*The Social Psychology of Power*）（Guinote & Vescio, 2010）

　　权力自古以来就是各种类型的社会所关注的重点问题。权力、权力感，以及权力所带来的社会心理问题也是学术界和社会实践工作及政策制定不可避免的重要话题。在中国正处于社会转型大背景之下的今天，无论是国家还是民众，对权力的认识及关注，也变得越来越急迫与深刻。权力的心理学研究正是这种大的学术、历史和社会背景下不可或缺的一个重要范畴。

目　录

第 1 章

文献综述

1.1　本章引论

　　本章主要叙述本研究的主要课题"权力（power）"这一概念在东西方文化下各自的来源、在不同学科中的界定和研究结论，并对"内隐理论"这一心理学概念进行梳理。针对"权力"，本章从词源学的角度展开，并从社会心理学的角度辨析其他与"权力"相似的概念，包括权力距离、社会支配取向、右翼权威主义、代理和地位。对于"无处不在"的权力，本书从哲学、社会学和政治学等方面来探查东西方文化下对于权力问题的研究视角，同时进行跨文化的比较；还从心理学的角度考察权力研究的模型，并探究权力的心理起源和心理后效。针对"内隐理论"，本章介绍了它的定义、起源、流变、发展和前景。本章的叙述为"内隐权力理论"这一主题开宗明义，有助于更好地阐释本研究的意义，并为接下来的假设提出和实证研究做好理论建设与铺垫。

1.2　权力与权力研究

1.2.1　权力与权力概念

第一，权力一词的词源

汉语"权"的繁体为"權"，这个字的本义是"黄华木"（《说文解字》）。根据《尔雅·释木》，"權"则称黄英。从这两处来看，"权"字最早的基本含义是一种植物，而更加细节的信息，《尔雅》直叙"未详"。

利用象形字的拆字法分析，繁体"權"右下角的"瞿"指的是"鹳雀"，这是一种鸟，鹳雀乃大鸟，似鸿而大。所以"權"的意思是指雕有黄花或鹳雀图案的木杖①。在这里，"权"正式成为一种权力的象征。直到清朝，文武官员穿的官服的补子上均绣着鸟（文官）兽（武官）的图案，用以分

① 段玉裁：《说文解字注》。

辨品级和权位。

儒家文化的经典代表人物孔子和孟子也对权力做出过明确的阐述，《论语·尧白》中提到"谨权量，审法度"。这里前一句中的"权量"还不是现代汉语中的引申义，指的是切实的"度量衡"，也就是"秤"。用来称量的秤杆用木制成，于是便有了"衡量审度"的意思。而整篇《论语·尧白》的主题恰恰是关于一个好的君主是如何进行"权力""统治"的。

《孟子·尽心上》则有"执中无权，犹执一也"[1]。这一句是用来批判同时期的其他家流派思想的，孟子认为其他流派偏执一端，不知变通，没有采用中庸的辩证思维。朱熹在《孟子集注》中解释道："权，称锤也。所以称物之轻重，而取中也。执中而无权，则胶于一定之中而不知变，是亦执一而已矣。"所以，"权"字在这里的意思是，因事制宜，随机应变，而不能走极端。这里的"权"在一定程度上，甚至可以代表孟子"中庸"的核心思想，即真正的最佳尺度和状态需要根据局势随时随地进行变通。有"权"，强调的是"执中"："恶执一"，所谓"达权知变"，体现了中国古代儒家哲学思想的无限活力和生命力。从结局来看，以"仁义"为先的儒家思想也确实从"杨墨盈天

---

[1] 完整表述为："杨子取为我，拔一毛而利天下，不为也。墨子兼爱，摩顶放踵利天下，为之。子莫执中。执中为近之。执中无权，犹执一也。所恶执一者，为其贼道也，举一而废百也。"

下"的后百家争鸣时代脱颖而出，成为统治中华两千多年的正统思想。

可见，植根于中国文化下的"权力"，可能是一种充满智慧的统治思想，同时又让人仰望并明白其不可逾越。"权力"贯穿着"仁""义""礼"，也贯穿着"三纲五常"。

在英语中，"权力"与 power 对应。而 power 这个词最开始是从法语中的 pouvioir 演化而来。而 pouvioir 这个法语词则来自拉丁语，即 potestas 或 potentia，这两个词的意思都是"能力（ability）"。这两个词的词根都是 potere，在拉丁语中，这个动词的意思是"能够"（李军，2004）。因此，西方"权力"一词的基本含义是"能力"。但斯宾诺莎对其也做出了区分："能力（potentia）"在本质上意味着事物（包括人）"存在和行动"的力量；"权力（potestas）"则用于谈论处于另一个人的力量控制之下的时候。在现代生活中，权力被引申、扩展为一个人依据自身的需要，影响乃至支配他人的一种力量。

第二，权力概念的辨析

由于权力概念的历史悠久、含义广阔，因此其很容易与一些类似的概念产生混淆。虽然这些概念意义相近，但它的心理后效及理论基础都不尽相同。这些与权力有关的概念就包括权力距离、社会支配取向、右翼权威主义、代理和地位等。

1. 权力距离

作为 Hofstede 文化五因素模型的主要结构成分之一，权力距离（power distance，PD）成为文化心理学和组织行为学等领域的重要变量。Hofstede 对权力距离的定义是基于"组织"这个背景的，是指在组织中，个体对权力的不平等分配的接受程度（Hofstede，1980）。不同国家和不同文化之间进行比较研究时，经常用到权力距离这个概念（王垒，et al.，2009）。在对组织行为进行研究时，权力距离也会作为个体差异变量而得到重视（Kirkman，Lowe，Gibson，2006）。权力距离高的人们倾向于强调权力，而且经常用权力去影响其他人，这些个体经常采用家长式的方式去对待权力小的人；相反，权力距离低的人们厌恶地位的不平等，这些个体的人际模式经常是授权式的，在人际交往中，他们会尽量降低对权力小的人的控制（Bochner & Hesketh，1994）。

2. 社会支配取向

社会支配理论（Social Dominance Theory）是一个与权力知觉问题相关且非常重要的理论，很多中国学者对此有研究（李琼 & 郭永玉，2008；张智勇 & 袁慧娟，2006）。社会支配理论试图对以群体为基础的不平等的产生原因进行解释，并试图探究以阶层（hierarchy）为组织形式的社会的延续过程。它包含三个基本假设：第一，在所有的社会中，都存在以年龄和性别为基础的阶层，而另一些社会阶层系统则是以广泛的文化因素作为划分基础的，这些社会能够产生持续的剩余价值，例如，南非的种族隔离系统、印度的世袭系统等等。第二，存在两种相互制约的力量，会影响人类社会的平等状况，其中一种力量可以让社会趋于平等，并且会减少阶层之间的差异（hierarchy attenuating），而另一种力量是以群体为基础的社会不平等的产生原因，它会增加阶层之间的差异，并且维持这种不平等，这种力量借助于社会达尔文主义、种族主义等思想的传播，使得在增加社会不平等的同时，群体间的冲突不会加剧。因为这些思想让人们相信，世界本该如此。第三，大部分的群体间不平等的形式，如性别主义、种族主义等，实际上都是一种基本的人格倾向的表现，即社会支配倾向（Social Dominance Orientation，SDO）（Pratto，et al.，1994）。

SDO 被定义为一种认同程度，主要针对社会群体之间的层级差异。SDO 高的个体更能认同阶层作为一种社会权力中基于团体差异的机制而存在（Sidanius & Pratto，1999），这些个体对于社会不平等的维持和对外群体的支配持有更高的认同程度（Levin，2004），他们希望内群体更多地支配外群体或者内群体比外群体更为优秀；而低社会支配倾向者则相反，他们希望群体间的关系是平等的。

而且社会支配倾向还能影响个体对不同思想的接受程度，高社会支配倾向者更偏好增加阶层间差异的思想。在对于偏见的解释方面，SDO 具有很重要的地位，很大程度上是因为它是最具宏观视角的权力变量（Bourhis & Brauer，2006）。Sidanius 及其同事（2001）认为，SDO 能解释包括种族、性别、国家、肤色、民族、宗教、地域、社会阶层、亲缘、部落、种姓、宗系、最小群体（minimal group）和其他人类能构建的所有群体区分的偏见态度的差异。

SDO 在提出伊始，就不是以传统的人格研究或者个体意义上的研究为基础的，而是通过以群体为基础的社会生活态度的大量研究数据所挖掘出的表达（1994）。Reynolds & Turner（2001）认为，RWA（Right Wing Authority）和 SDO 是思想意识的因子，为不同的人格倾向、价值、信念和动机所驱动（Reynolds，et al.，2001）。SDO 是以价值为基础的总的信念而非核心人格特质，是一种对于社会信念和社会态度的测量（Huang & Liu，2005）。但是，SDO 在核心人格方面也有基础和根基（Akrami & Ekehammar，2006）。Asendorpf & Van Aken（1993）区分了核心人格特质和表面特征。相对于"大五人格"这种建立在基因差异以及早期儿童经验之上的核心人格特质，SDO 和 RWA 都属于对社会和环境影响敏感的表面特质。支持社会支配理论的研究者强调，SDO 是对由群体构成的社会等级间不平等的整个系统的反应，所以，它强调的是系统合理化而不是群体合理化（Sidanius & Pratto，1999）。

3. 右翼权威主义

右翼权威主义的研究历史可追溯到 20 世纪 30 年代希特勒的反犹太主义。20 世纪 50 年代阿德勒所著 *The Authoritarian Personality* 一书的问世（Adorno，1950）则是这一概念被纳入精神分析领域的标志，表明所探索的是人类内心深层经常不为自己所知的倾向，这些关于威信的倾向受到社会情景的影响，但也与个体的成长经验相关。个体对自己的安全感和效能感决定了其对权力需要的程度，但是个体所能掌握多少权力资源却并不以自己的意志为转移。在这种情况下，个体如何进行心理和行为的调适从而满足自己对权力资源的需求，成为个体处于社会中的一种冲动。这种冲动的强弱、所带来焦虑的大小，以及各种相应的心理防御机制，则成为权威主义人格的研究课题。这种深层次的、非理性的、被压抑的人格力量表现出特定的思想倾向，并进而产生歧视或者保守的行为。

Adorno 等人的开山之作列出了四位作者 Adorno，Sanford，Levinson 和 Frenkel-Brunswick，称为 "Berkeley 小组"。概念最开始称 "反犹太主义" 为 "法西斯人格"，后来改称 "反民主人格"，最后才称为 "权威人格"。基于以上这些假设，这批研究者希望通过测量表面的意见、态度和价值观，进而找出被压抑的、以间接形式表现的那些思想倾向，从而挖掘出深藏于参与者潜意识之中的人格力量。所以，他们先分析反犹主义量表（AS 量表）和民族中心主义量表（E 量表）得出的结果和临床访谈的材料，逐个找出可能的核心人格倾向。然后进行量表施测，将参与者在此量表上的反应，与参与者在 AS 量表、E 量表上的反应相比较，保留相关较高的条目。最后形成的量表被命名为 F 量表（Fascist Scale，简称 F Scale），所测量的人格因素便是权威主义人格（authoritarian personality）。结合精神分析理论，F 量表中只有三个子量表反映了人格内部的一种特定结构，可以看作权威主义人格的核心成分，即因袭主义（conventionalism）、权威主义服从（authoritarian submission）和权威主义攻击（authoritarian aggression）。（李琼 & 郭永玉，2007）

在此基础上，Altemeyer（1998）出于利用权威主义人格者的特征来有效地预测偏见的目的，在 F 量表的基础上编制了右翼权威主义量表（Right-Wing Authoritarianism Scale，RWA），然后根据 RWA 量表的项目构成，提出右翼权威主义（Right-Wing Authoritarianism）的概念，虽然三种主成分沿袭了 Adorno 等人的名称，但所指的具体内容发生了变化：权威主义服从是指接受一个社会中已建立的、合法的权力结构，服从权威的要求，且仅针对向上服从（Son Hing, et al.，2007）。因袭主义则强调对于一个社会或群体的传统规范、传统性别角色和家庭秩序顽固地坚持，右翼权威主义者要坚持的典型信念还包括宗教激进主义，严格遵守性的规范（Furr，Usui，Hines-Martin，2003）。权威主义攻击则是指对被已建立的权威认可的各种人的广泛攻击，认为应该严厉地对待不符规范的人，并经常采用惩罚的方式对他人的行为进行控制。Altemeyer认为，自己的RWA特指的是跟从者的权威主义，而SDO则主要是关于领导者的权威主义，两相结合，便可以很好地反映权威主义人格的全貌。（Altemeyer，2004）

研究者们并未停下对RWA理论进行修正的脚步。Duckitt等（2002）质疑RWA及F量表的得分受情境中威胁的影响很明显，因此认为它们所测量的是广泛的思想领域的社会态度和信念，而不是人格特质。另外，人格和世界观（world views）也会影响右翼权威主义（Duckitt，et al.，2002）。而在攻击成分中，有很多内容与不容忍（intolerance）和偏见重叠；另外，因袭主义中的一些项目和保守主义（conservatism）的一些项目又很相似（Feldman，2003）。Altemeyer的RWA量表本身也存在诸多值得改进的问题。例如，与SDO的相关性不稳定，在不同国家实测时发现显著的文化差异（Duriez & Van Hiel，2002；Hiel & Mervielde，2002）。原始量表的条目过长，通常包含两个句子；出现大量的极端词（堕落perversions，邪恶的evil，极差的rotten apples），致使在不同文化中会导致模棱两可和差异性的解释（Ekehammar，et al.，2004）。单维度结构显示出很好的结构效度，而三维度的结构反而更差（Funke，2005）。

4. 代　理

从社会心理学的观点看，人们对"代理（agency）"的知觉主要由两种成分构成：内在的意愿特质，以及外在的由环境所形成的"自治（autonomy）"特质（Morris，Menon，Ames，2001）。代理的内在方面是指行动者的内在状态，如意图、信念、愿望（Bratman，1999）；而其外在方面是指外在环境会在多大程度上对行动者施加限制（Kant，1785，2008）。因此，代理可看成由行动者内在状态所产生的，并且能突破外在环境限制的权力。但是这个"行动者"却并不一定是人，也可能是团体、公司或者任何其他自然体。

经过上百年的市场经济的熏陶，西方对于"代理"这一概念的理解已经非常深刻、熟悉和自然。费孝通在《差序格局》里就提到，西方"团体格局"社会中的道德体系是建立在宗教观念基础之上的，上帝在冥冥之中，象征的是团体无形的实在；但是团体意志的执行，需要特定的人进行代理。"代理者"这个基本概念存在于团体格局的社会中。在基督教中，上帝的意志并不是由上帝亲自去执行，而是由牧师进行"代理"。但同时，上帝和牧师之间的分别是不容混淆的。同样地，国家和政府也是严格区分的。在基督教的教义中，神爱人人，这种一视同仁的公道不容违反；如有违反，代理者的代理资格必须被剥夺。同样地，政府在代理国家意志的时候，也不能违反"不证自明的真理"。在西方团体格局的道德体系中，很强调权利的观念。人们之间要互相尊重彼此的权利，同时团体对成员的权利进行保障，防止团体代理人滥用权力，宪法就是在这样的基础上产生的，宪法观念与公务观念密切相关。国家可以要求人民向它服务，同时国家也要保证人民的权利不受侵害。国家行使权力的时候，不能超过公道和爱护的范围。

然而"代理"对于中国人而言，却是一个相对陌生的概念。例如，近年来我国企业跨国经营和管理的实践所反映出的中美企业在公司治理理论上，就存在着根深蒂固的文化差异。西方的公司治理理论中的"代理概念"（the concept of agent）就与我们中国文化中的"领导"概念很不相同。由此引发出的中国文化的权力理论是内向的，偏重"仁"；而西方的权力理论是外向的，偏重"治"。这样的文化差异导致我国企业在公司的治理、权威的建设、权力的使用、体制的设计等方面，都面临很多挑战。

西方文化中的公司治理理论，建立在代理概念基础之上，这种代理概念反映的是公司的领导者是企业的代理人。因此，公司的法人代表是以集体的意志来管理企业，在西方法律中，这个法人代表要实现的是企业的意志而不是个人的意志，西方的公司治理法允许他们具有有限的法律目的代表公司进行合同、财产和管理的实践。研究发现，东方文化由于各种原因不太容易理解公司治理法中的代理概念，我们倾向于以个人来代表企业，公司的创始人和管理者很容易将企业当作自己的私有财产，而容易忘掉我们的管理者往往只是股东的代理（Lu & Peng, in press）。

5.地　位

权力的特质要比地位更为实际。诚然，地位经常跟权力联系在一起。但是根据近年来流行的定义，权力特指对于有价值的资源的控制（e.g., Fiske, 1993；Keltner, Gruenfeld & Anderson, 2003；Magee & Galinsky, 2008）。所控制的有价值的资源包括物理的（例如，办公室）、经济的（例如，薪水）和社会的（例如，是否排斥）。例如，经理同时从头衔上和实际上确实都拥有可分配的资源，预示着地位（阶层）和权力（资源控制）的关联。但是，权力并非时时与地位相关。例如，一位受尊敬的年长的雇员可能并没有掌握实际的权力（不能分配员工的薪水），但是他却能提供无形的资源，例如意见和人际网络。地位确实有利于对资源的控制，但并不是所有情况下都如此。例如，一名即将卸任的官员是有地位的，但没有权力。

权力和地位会产生一些影响效应，但并不总是如此。有关权力的旧的定义为社会心理学家所熟悉，例如 French 和 Raven（1959）对权力的多种基本分类定义，都意在为各种潜在的影响命名。一些权力的基础着重地位（例如，意识到一些人是专业的，或者是见多识广的，或者掌握权力是合情合理的，或者是代表钦佩和指涉的）；而另一些权力的基础强调作为控制的权力（比如，奖赏或者压制）。最近有关权力和地位的研究发现，当人们拥有权力，地位却并没有得到相应提升的时候，容易感知到更高的威胁和令人厌恶的情绪（N.J.Fast, Halevy, Galinsky, 2012），这可以在一定程度上解释津巴多（Zimbardo）在斯坦福监狱实验（Haney & Zimbardo, 1998）中所观察到的悲剧性结果。

6. 小　结

在与权力有关的变量中，"地位"成为对于权力所处位置的最贴切描述，但是也比"权力"本身更为抽象。权力距离反映的是人们对于不同地位间人们的待遇差异的容忍程度，而在低权力距离者身上通常发现对于权力"代理"的更多追求。社会支配取向与权力距离有相近的含义，但是前者更注重宏观的团体心理描述，后者则常见于组织行为领域并与行动方式相关。右翼权威主义和社会支配取向可以解释偏见的大部分变异，但前者的解释力更强（Altemeyer，1998）。

《权力的社会心理学》一书公开呼吁"将权力作为一种社会结构和社会规范进行研究"（Ng，1980）。然而除了社会结构和群体间关系的研究层出不穷、关于偏见和刻板印象的过程研究受到关注之外，真正将权力作为社会结构（social structure）和社会规范（social norms）考察的理论大都出现在社会学和政治学理论中；在心理学研究中，却很少出现关注权力的内隐和转变特质的理论（Overbeck，2010）。

1.2.2　东西方权力的研究视角

第一，权力的哲学探索

冯友兰说："哲学在中国文化中所占的地位，历来可以与宗教在其他文化中所占的地位相比。"[①]（p.1）在中国，哲学与知识分子人人有关。在中国古代，一个人只要去受教育，老师就会用哲学为他启蒙。因此，无论是掌握权力的阶层，还是被权力所统治的阶层，其思想和行动都深受中国古代哲学思想的影响。中国哲学对中国人民权力概念的影响十分深远，以至于无论是从政治学还是社会学角

---

① 冯友兰，涂又光.（1985）.《中国哲学简史》.北京：北京大学出版社.

度探讨权力问题，都无法绕开中国哲学思想的影响而单独进行。

按照冯友兰的观点，"人们习惯于说中国有三教：儒教、道教、佛教"①（p.16）。但是，儒家并不是宗教。至于道家，它是一个哲学的学派；而道教才是宗教，二者有其区别。另一方面，佛学是一种哲学，而佛教则是宗教，两者也是有区别的。受过教育的中国人，对佛学的兴趣显然比对佛教的兴趣更大。

整体来看，中国古代的哲学思想也曾出现过"百家争鸣""百花齐放"的时代，如法家推崇严刑峻法；道家强调"无为而治"，墨家提倡兼爱、非攻……但这些学说在中国历史的主流政治思想的纷争中都如昙花一现，败北于儒家。只有儒家思想在两千多年中屹立不倒处于统治地位，直到西方思想东进之前，没有其他学说能够与之相抗衡，其他诸子百家学说的地位仅限于供学者讨论之用，在政治上并不受重视。而且，儒家哲学思想还在东亚其他国家，如日本、韩国甚为流行。

究其原因，许烺光提到的一个解释是，因为儒家思想是一种与我们每天生活息息相关的理论，而不是超自然的，如幻想未来的理论，很能为情境中心的东方人所接受。陈寅恪也说过，"华夏民族所受儒家学说之影响，最

① 冯友兰，涂又光.（1985）.《中国哲学简史》.北京：北京大学出版社.

深最巨者，实在制度法律、公私生活之方面"①（p.251）。

中国古代的儒家思想所共享的一个基本假设是，通过一个人与他人的关系来定义这个人的存在。在儒家基本思想所规定的每对关系中，都是以地位的差异为基础来建立的。最广为人知的关系规则是建立在等级划分基础上的，管理角色和关系的伦理——"三纲五常"。如《论语》中所述，它们是君臣有义、父子有亲、夫妻有别、长幼有序、朋友有信（Ho，Bond，Hwang，1986）。这些关系在当今社会中，等同于老板和下属、父母和孩子、丈夫与妻子、长辈与晚辈、朋友之间。

这些看上去不平等的关系所反映的，并不是简单的单方面的权力和地位的差异。相反，关系的双方都承担着道德责任，彼此间通过建立相互依赖的关系网以适当的方式交换，并且只有当双方能进行阴阳互补时，这种过程才能发挥作用（杨国枢 & 余安邦，1993）。在地位相对低者对高地位的人表示尊重和服从的同时，高地位者便承担起这样一种期望：为他或她的下属争取最后的既得利益和对每个人负责。儒家学说其实可以算是一种通识教育，人们从中学习对待父母、手足、朋友、子女、君臣的礼节及应尽的责任与义务。我们不难发现，这五对关系事实上都是有关"权力"的关系。换句话说，从最根本的伦理道义上，

---

① 陈寅恪，陈美延．（2001）《金明馆丛稿二编》．北京：生活·读书·新知三联书店．

中国的哲学思想就限定了权利义务和对权力者的尊崇。

这种对建立在角色责任基础上的"关系"的理解，与西方的"关系"是不同的。因为在西方的关系中，强调的始终是两个人通过增加个体间的相互了解和经常性的相互交往而变得平等（Bond & Hwang，1986；Ho，1995，2001；Hwang，1995；Tu，1979，1989）。

在西方哲学史上，亚里士多德提出，"把权力赋予人等于引狼入室，因为欲望具有兽性，纵然最优秀者，一旦大权在握，总倾向于被欲望的激情所腐蚀"。有着重要地位的德国哲学家尼采（Friedrich Wilhelm Nietzsche）首创了"权力意志"这一概念。他认为，除了叔本华（Arthur Schopenhauer）强调的追求生存的基本"生存意志"之外，还应追求强大、优势、权力和超越自身。权力意志是尼采思想的核心。尼采将权力意志看成一切事物的本质，人的一切行为、活动都是权力意志的表现（Nietzsche，Kaufmann，Hollingdale，1968）。不仅如此，他还将对权力关系的讨论从政治学领域延伸至伦理学领域，提出：西方的世俗道德如何将人打造成一种"驯服而健忘的动物"？

受尼采思想的影响，法国后现代主义哲学家福柯（Michel Foucault）将尼采的"权力意志"拓展至"知识意志"（La Volonte de savoir），认为权力和知识不但并置而且同构。通过采纳尼采"系谱学"中的名称，福柯致力于探索"权力系谱学"，通过一系列调查展开他对权力问题的深入思考。福柯所说的"权力"一词，绝不囿于常人眼里的政治意义上的权力。因此，权力不是能被获得、掌握或分享的东西，而是一种网络，权力的网点可以蔓延到任何角落。因此，权力的分析应该从权力的应用出发。我们不应该问"谁拥有权力？"或"权力拥有者的意图和目的是什么？"等问题，而应该研究权力的效应对主体的构成所起的作用。在分析权力的时候，不能先验地将权力与压抑相联结。他说："在 20 世纪 60 年代，往往把权力定义为一种遏制性的力量：根据当时流行的说法，权力就是禁止或阻止人们做某事。据我看来，权力应该比这个要复杂得多。"他指出："我们必须承认：权力制造知识，它们密不可分。若不建立一个知识场，就不可能出现与之对应的权力关系。若不预设权力关系，也不会产生任何知识。"（Foucault & Gordon，1980）福柯权力概念的显著特点是权力的生产性，知识的分类由权力产生，进而影响和制约着人们对世界的认知和理解。同时，对权力和知识之间的关系思考是离不开话语的。所以，话语被福柯视为一个系统，它为知识确定可能性，或者一个框架，用来理解世界。一套话语作为一种"规则"而存在，这些规则决定了陈述类型，界定真理标准，规定可言说的事物和内容，所以，话语具有"权力"。福柯强调权力具有创造机制："权力是一种创造；它创造现实、创造对象的领域和真理的仪式。"[1]

意大利文艺复兴时期的杰出哲学家尼科洛·马基雅维利（Niccolò Machiavelli）所流传下来的政治哲学思想，则完全是围绕着权力问题展开的。他的著作《论李维》提出了共和主义的政治理论，《君主论》则提出了现实主义的政治理论。《君主论》通过许多例子解释了哪些君主得以成功地取得并保持权力，阐述了统治者采用怎样的统治手段才能保住自己的政权。与其他著作不同的是，《君主论》并没有清楚地说明一个理想的君主或王国所应该有的样子。很多人认为，《君主论》的中心思想是"为达目的而可以不择手段"。其实这是一种误解，因为马基雅维利实际上指出了邪恶手段的一些限制。首先，他指出在目标方面，国家应该追求维持稳定和繁荣，个人为追求自己的利益而不择手段则是不正当的，也不能正当化邪恶的手段。其次，对于道德，他并没有完全否定，也没有鼓吹绝对的自私。"为达目的而可以不择手段"其实是一种目的论的哲学观点，亦即只要目的正当，所有的邪恶手段也都是正当的。在神权政治或者说作为伪神权政治的教权政治盛行的时代，天主教仍会将《君主论》一书列入禁书名单，后来一些人道主义者如伊拉斯谟也大力批评这本书；但它毕竟已成为西方权力思想的标志之一，尤其值得注意

---

[1] Foucault, M.（2002）. *Archaeology of knowledge*. Hove：Psychology Press.

的是，马基雅维利所持有的基本假设同样是"人性本恶"。因此，他才主张要达成实际目标必须使用残忍权力；同时，对于其臣民，君王也不该抱持完全的信赖和信任。

怀疑主义哲学家休谟（David Hume）大力倡导将政治权力分立、分散，并且支持将选举权延伸到所有拥有财产的公民，同时也要限制教会的权力。休谟认为，要格外"警惕王室初次侵犯法制"[①]（p.150），因为"政治上有一条大家认为是无可争议和普遍适用的箴言：通过法律授予高级官员的权力，不论这种权力多么大，它对于自由的危险，总是小于强夺和篡夺的权力，即便这种权力很小"[②]（p.115）。

康德（Immanuel Kant）认为，国家权力是人民公共意志的体现，来源于公民的自由意志。他反对柏拉图的"哲学王"概念，认为"不能期待着国王哲学化或者哲学家成为国王，而且也不能这样希望，因为掌握权力就不可避免地会败坏理性的自由判断"[②]（p.129）。但是，他也消极地评论道：在市民社会中，统治者对人民没有义务。人民必须对统治者表示忠诚，他们没有反抗政治权力的权利，最多只有消极反抗的权利，即拒绝服从的权利或沉默的权利。人民可以有表达思想的权利，也就是评论和批评政府的权利，但他们的批评意见必须表明他们是忠诚的公民。

[①][②] 休谟.（1993）.《休谟政治论文选》北京：商务印书馆.
[②] 康德.（2005）.《永久和平论》.上海：上海人民出版社.

第二，权力的社会学探索

在《乡土中国》中，社会学家费孝通总结了两种对权力的看法。第一种观点认为，权力产生的基础是社会冲突和剥削统治；另一种观点则认为，权力产生的基础是社会合作和社会分工。一个来自暴力，一个来自契约，但并不冲突，两者可以同时存在：前者变成了横暴权力，后者变成了同意权力。但是，费孝通认为在中国的乡土社会，这两种权力都很微弱，因为一方面农业经济的剩余价值不多，横暴权力发展到一定程度必然被农民起义所推翻；另一方面，农业经济基本上可以达到自给自足，因此依赖社会分工的同意权力也很微弱。可以总结，"乡土社会的权力结构，虽则名义上是专制独裁，但是除了自己不想维持的末代皇帝之外，从人民的实际生活来看，是松弛和微弱的，是挂名的，是无为的"。

那么中国乡土社会的权力到底是什么样的呢？对此，费孝通专门提出了"教化权力"的概念。它产生于社会继替的过程，或者说是"爸爸式"的，是 Paternalism。家长对孩子的权力，既不是横暴的又不是同意的，而是基于血缘事实和社会经验的。为了适应这个自己并不了解的社会，孩子们必须遵从长辈的意愿；从教育孩子这件苦差事上面，父母并不能得到实际的好处，两辈之间也没有本质的利益冲突；但是"在最专制的君王手下做百姓，也不会比一个孩子在最疼他的父母的手下过日子更为难过"。孩子们受到全方位的教化，这种教化深入每一个生活细节。由于中国社会的稳定性，教化的权力还扩大到了成人之间，即长幼之别，没有哪个国家像中国这样把长幼分得这么清楚，每一种亲戚前面都有一个数字，例如，"大姐""二叔""三哥"，相比之下，英语中只有 brother, sister, uncle 等。长幼之序尤为强调教化权力所发生的效力。费先生举例说，在我们的社会中，客套时互问年龄并不是偶然的，这种礼貌正反映出我们这个社会里相互对待的习惯是根据长幼之序的。从另一个角度看，在社会生活中才会形成亲属原则，教化权力的重要性可以由长幼之序来体现。

而这种以家庭为基本生发点的权力机制和权力模式最大的特点正是"慈悲之心"。正如另一位著名的社会学家许烺光（Francis L.K.Hsu）在他的《宗族、种姓与社团》（1963，p.60-61）中所提到的，"……与印度对其先辈的惧怕之心不同……在中国任何地方，人们都相信祖灵对其子孙抱有慈悲之心，绝不是其后代遭受惩罚的根源。当中国人遭到诸如疾病、灾厄，或缺乏男嗣等不幸时，他们会认为，不幸是由某种神或鬼怪所引起，从不会认为它与祖灵有关。……中国人相信：死者的灵魂虽然有痛苦的心理状态，却不会影响祖先与子孙间的友善关系。这种痛苦的灵魂虽然伤害与自己无关的人，却绝不会伤害自己的后代"。

印度教是把神置于祖先之上的超自然思想，倾向于支配家庭中的各种关系，但是中国人的家庭却由一种连死亡也无法割断的联结连接在一起。

而西方的演进与之相反，亚里士多德在《政治学》一书中，提出了以"家庭—村坊—城邦"为主线的社会演进模式。"在城邦与氏族制度之间存在着深刻矛盾"，在经历"五次革命"后，武力和血缘亦均被排除在组织原则之外。

许烺光同样也总结了美国社会里美国家庭的特征。主要有三个特征：在结构方面，占优势地位的结构关系是夫妻关系；在内容方面，是排他性的，并以浪漫爱情、青年崇拜和依靠自我为最主要的因素；在中国人的场合，父子关系象征着"永久"，而在美国社会，只有夫妻关系才会被描述为"永久"（Hsu，1963）。而夫妻关系与父子关系最大的区别在于，前者是水平的，强调平等和相互尊重，而后者是垂直的，强调一方服从于另一方。因此，这也决定了两种社会文化对于权力概念的建立、理解和态度。

另一方面，夫妻关系不同于父子关系的排他性和非连续性，决定了美国的孩子在成年之后与父母之间的联结一定程度上是切断的，对于"自我依赖"的强调决定了他们向"社团"组织寻求社会、安全和地位的满足（Hsu，1963）。而基于"同辈团体"所建立的"社团"，一个最重要的特征也是横向的平等，而非由上而下的督导。社团中人人平等的观念、契约原则，决定了美国人对于平等的正向依赖和对层级性关系的排斥。

在西方社会学中，现代社会学的奠基人 Weber 做出的权力定义十分简洁："将自己的意志强加于别人行为之上的可能性。"（Weber，Rheinstein，Shils，1954）笔者以为，这一定义完全没有任何积极情感和肯定意味。在社会学的理论进展中，与权力有关的理论研究也在不断演进和发展变化，与之相对应，关于权力的核心特质的争论也在不断变化。这种演进过程可以分为三个阶段。

第一个阶段正是传承自西方"权力"定义的"能力（capacity）"说。许多关于社会权力的概念都将其作为一种个人特质，强调个体拥有某种权力的大小。作为最广义的定义，权力是一种能够获得其想要的（东西的）能力，或者"有意效应的产品"[1]（Russell，1938；see also Giddens，1984；Hobbes，2002）。所以，当一个人能够获得他想要的结果，并能让事情按照他希望的那样发生的时候，他就具有了权力。[2]

第二个阶段则是"依赖（dependence）"说，或者

---

[1] Many conceptions of social power treat it as a personal characteristic, emphasizing the individual's possession of a certain amount of power. To use the broadest possible definition, power is the ability to get what one wants, or "the production of intended effects".

[2] That is, one has power if one is able to obtain desired outcomes and to make things happen the way one wants.

"内容（content）"说。虽然权力确实建立在一个人的资源和特征平衡的基础上（cf. Emerson，1962；French & Raven，1959；Pfeffer，1992；Pfeffer & Salancik，1978；Raven，1965），然而近年来，社会心理学家越来越多地倡导权力同时也依赖于别的因素，例如他人的资源和特征，有效运用权力的能力，环境的制约，以及拥有权力的范围。因此，权力是一种相对的，而非绝对的能力（p.23；Overveck，2010）。

比如，在洛克的思想中，"权力"更像是作为"权利"而存在着。他相信，对于民众来说，君主拥有一种具有契约功能的权力。一旦合约撤销，权力也就失效了（Locke，1964）[1]。Weber（1947）对"权力"给出的经典定义是"一个人在即使遇到抵抗的情况下也能实现自己意愿的概率"（p.152；cited in Ng，1980）[2]。French & Raven（1959）着重谈论权力的合法性（legitimacy），他们认为权力来源于各种权力基础（如正式职权），是一种潜在的力量。Emerson（1962）认为，权力是社会关系的一个特征，权力存在于相互依赖的人或者团体之间。但在这些定义中，研究者们一致同意，不管权力的来源是什么，其本

---

[1] Who believed that sovereigns had power as a function of the consent of their subjects. Once consent was withdrawn, then power was nullified.

[2] The probability that one actor within a social relationship will be in a position to carry out his own will despite resistance, regardless of the basis on which this probability rests.

质都是一种不对称的控制，即权力大的人控制权力小的人（Fiske，1993）。由于对于同一个人来说，在某些情景下他可能享有很大的权力，但是在另一些情形中相对于其他人而言他的权力会很小。（Van Ogtrop，2003）

第三个阶段则是"身份（identity）"说。实际上，"合法性（legitimacy）"也是社会认同理论（Social Identity Theory）的一个重要组成部分。社会认同理论是指个体认同那些能为他们提供正向社会身份（Positive Social Identity）的团体（Brewer，1997；Caporael，1997；Sidanius & Pratto，2001）。团体间地位的差异会带来社会权力的差异，无论是团体之间还是团体内部，都不可避免地产生对权力和地位阶层发展的要求，致使团体内部的个体对自己是否适合所在团体，以及自己与所在团体的联结强弱进行权衡。也因此有关身份问题的社会认同理论（SIT）与自我类别化理论（SCI）（Turner，1985）成为有关权力问题的重要理论。Turner（2005）的三阶段理论将 SCI 扩展到了社会权力的范畴，提出个体是如何在共同的兴趣和利益的基础上调整、联合成团体并获取权力的，强调权力来自个体的主动获取行为，而非团体的"赋予"。

米尔斯（Charles Wright Mills）在《权力精英》（1956）一书中强调"精英控制权力"的观点（Mills & Wolfe，2000）。达尔（Robert A.Dahl）对其进行了批判，指出权力应该根据存在于决策制定过程中的可观察的明显的冲突行为来界定，从而奠定了一维权力观（多元主义权力观）的基本论点，"涉及关于某种议题 —— 在这种议题上，存在着可以观察到的（主观的）利益冲突 —— 的决策制定中对行为的关注，它被看作是表达各种政策偏好并且可以通过政治参与的方式显示出来"[①]。一维权力观的核心观点体现在：权力存在的情景经常是（个人）决策制定；权力的表现经常会在政策偏好之间的冲突之中观察到；权力的存在体现在用各种明显的政策偏好去解释利益所在。这种观点反映了权力关系中的主导者与被主导者之间的二元对立关系，而这种权力的背后实质上隐含着一种"支配性"的隐喻。

而以巴卡拉克（Bachrach）和巴拉兹（Baratz）为代表的二维权力观认为，事实上权力具有"两张面孔"，即"权力运用存在于可观察到的明显的或者隐蔽的冲突中，它既可以通过决策制定的形式表现出来，同时也可能存在于不决策的形式中"[②]。他们认为，以达尔为代表的多元主义者对于权力的研究仅仅强调了权力的一个方面，但是"当 A 参与到那些影响 B 的决策制定中去时，理所当然地是在运用权力。当 A 致力于创制或加强各种社会价值、政

① Dahl，R.A.（1957）.The concept of power. *Behavioral Science*，2（3），201-215.

②② Bachrach，P.，& Baratz，M.S.（1962）.Two faces of power. *The American Political Science Review*，56（4），947-952.

治价值记忆制度惯例——它们使政治过程的范围仅仅限制在对那些比较而言不损害 A 的利益的议题进行公共考虑上——时，同样也是在运用权力"[2]。二维权力观所描述的权力起作用的另一种机制和过程是，压制或者掩盖一些对现存的利益或特权的分配进行变革的要求，使它们不能被公正地表达出来；或者在它们获得通往相应的决策制定的通道或者登上相应的舞台之前，就否决它们；即使上述这些情况都没有出现，这些要求或决策也可能会在政策实施阶段被损害或被破坏。

卢克斯（Steven Lukes）则批判性地分析了达尔的"第一种维度的权力观"和巴卡拉克与巴拉兹的"第二种维度的权力观"，提出了"第三种维度的权力观"，由此讨论了更深层的问题：

"权力可以通过公开的和可以观察到的形式进行运用，但是权力还有隐蔽的一面，权力运用在很多情况下可能并不存在明显的可以观察到的冲突行为，而且拥有权力的人也可能不会进行决策制定。"[1]（p.1）

第三，权力的政治学探索

从政治学角度来讲，东西方对待权力的差异更加明显。

---

① Lukes, S.（1974）*Power : A radical view*. London: Basing stoke.

如前所述，对中国有着最为深远影响的哲学思想——儒家思想，也是一种政治统治思想。这种思想赋予了掌握权力的人天然的权威。儒家政治思想的基础是"天德合一"（《尚书》）。《论语·为政》中提到"为政以德，譬如北辰，居其所而众星共之"。"为政"即掌握国家权力，"以德"可以理解为道德表率或者道德教化。但整体看来，这句话并非泛指用道德对国家进行治理，而是特指统治者用自己的道德为人民做表率，所以说"譬如北辰，居其所而众星共之"，即统治者有道德才能收获人心所向。

而在西方，政治思想中所提到的权力的作用，却主要是注重它的工具性，即权力作为一种制度，是如何来约束人民的。作为轴心时代西方著名的政治思想家和西方政治学的开山鼻祖，亚里士多德在吕克昂学园对希腊半岛的158个城邦进行了实地考察，写成了《雅典政制》；后来在此基础上写成了《政治学》，提出了"人天生就是政治动物"的命题，阐述了关于公共权力的理论。在亚里士多德的理论中，优良城邦政体的权力行使需要强调公平正义原则，认为美好的生活来自教育，来自德性，来自有规矩有法律制度的城邦，来自有权力的公民。

我们还可以在近代权力学说中具有重大影响的霍布斯（Thomas Hobbes）的思想中明显地看到这一点。英国哲学家霍布斯在他的《利维坦》中写道："我认为全人类共同具有一种普遍的倾向，即一种至死方休、永无止境的追求权力的欲望。"同时，霍布斯认为，人们之所以追求更多的权力，只是因为人类处于权力匮乏的状态，而人们不断地追求权力是为了消除匮乏，为了防止他人的掠夺以保住自己的已得利益。

法学家孟德斯鸠（Baron de Montesquieu）则开启了现代意义上对立法权、行政权和司法权的论述（孟德斯鸠 & 彭盛，2008）。《论法的精神》通过讨论共和政体、君主政体和专制政体三种政体，强调政治自由和公民自由，呼吁必须建立某种政制以保障政治自由，必须防止权力滥用，以权力约束权力。对于立法权，孟德斯鸠认为这是国家一般意志的体现，立法机关应该对法律制定和法律的执行进行负责和监督，并定期集会、定期改选；对于行政权，由于强调行动的反应迅速及时，因此最好应集权于一个人的手上，司法部门必须完全独立于各种利益冲突之外。孟德斯鸠的思想是美国权力分立学说的来源。

在西方国体格局的社会中，行使权力时强调"公务"和履行"义务"是被作为行为规范的。而在中国传统社会中，则缺乏这种清楚明白的行为规范。中国传统文化里，看不到这种西方式的"团体道德"。作为弥补，中国人有时会把"忠"字抬出来放在这个位置上，但是忠字的意义，最开始在《论语》中的所指并不像我们今天以为的那样。"为人谋而不忠乎"一句中的"忠"，是"忠吮（顺）"的注解，是"对人之诚"。"主忠信"的"忠"，则是"由衷"的意思。在《论语》中，忠字甚至并不是君臣关系间的道德要素。在《论语》中，真正决定君臣之间关系纽带的，是"义"。君臣以"义"相结合。"君子之仕也，行其义也。"所以"忠臣"的观念其实是后来才有的，忠君并不是作为个人与团体的道德要素而存在，而主要存在于臣对君的私人关系层面。

许烺光明确提出，美国的高位者成为反叛者反叛的对象和机会，比中国的高位者（不仅包括官僚将相等角色，还包括父母、老师、狱吏）被低位者推翻的机会，显然要少得多。他认为，中国人"对待此种（儒家）学说绝无半点革命思想"（Hsu，1960）。反之，在未受到西方侵略之前，中国人理解不了"革命"一词的含义。许烺光认为，这并不足以为奇。分析东亚三个主要国家中国、日本和韩国的权力更迭历史，可以发现，东方封建君主制权力统治表现出一致性和持久性的特点：日本从有历史记载开始维持的就是同一君主的朝代；韩国的朝代变化有将近二十次，而中国历史上叛乱很多，革命却是没有的。当一个朝代民不聊生时，内忧外患就会导致朝代更迭，等到叛党领袖相互兼并彼此消灭后，新朝代成立了，此时新的君主与臣民对于原有政府的社会制度还是能维持现状，他们并不期望做任何变更，对于统治者来说，唯一可做的事只有自命明君，并相对于前朝减少贪污腐败。这种改朝换代的模式不断轮替贯穿中国上下两千多年历史始终，在19世纪前，中国没有着眼于彻底改革政府社会的政治领袖，在中国历史中曾经有两人试图进行有限度的土地改革政策，但均未成功，而其他人根本不敢尝试。

虽然西方关于政府权力和宗族关系的观点认为，宗族并非仅仅只是起源于社会的最初阶段，它在较高水平的社会仍长期发挥作用；最后，它灭亡于社会的最初阶段（Lowie，1934）。但是，许烺光从三个方面来总结，中国宗族的凝聚与政府的中央集权化并没有呈现出这种负向的关系：第一，中国王朝的统治并不是积极的全体主义（totalitarian）统治，政府希望得到的，是人们消极的服从和恭顺。第二，地方官吏对皇帝的无条件服从。远在千里之外行使统治权的皇帝，只要命令某一官吏去死，远方的地方官吏便会顺从地自杀。第三，中国大多数王朝非常中央集权化，即使是与印度相比，也更稳定，因而更具有持续性。

在二十多年前，就有专门研究马克思主义哲学的研究者总结，封建社会呈现出的是人们对"权力"的依赖，在封建社会起主要作用的力量就是"权力"（韩庆祥，1999）。因为权力左右着社会的经济、政治和文化，对于社会生活和个人生活起支配作用。中国社会经历了两千多年的封建统治，在各种本土哲学思想的教化下，"大一统"的"金字塔"式的社会权力结构表明了皇权君权高于一切，证明权力至高无上。因此，在封建社会中，无论是统

治阶级还是被统治阶级，人们思维价值的天平都会更多地
向权力倾斜，将权力视为实现人生追求的根本。在中国，
人们对"权力"的依赖表现得尤为突出。

小 结

中国哲学对于权力的理解主要体现在儒家思想中，用
"三纲五常"来确立不平等的权力关系的合法地位；西方
哲学对于权力的理解着重强调其强大的力量，在西方哲学
家们的论述中，突出了这种力量的破坏性，侧重于当权力
运用不适当时可能会给民众带来破坏性。

中国的社会学研究者提出权力存在于垂直的社会关系
中，是"教化式"的；而西方社会学研究者在水平的社会
关系中所发展出来的权力理论，则更注重"契约"和权力
的能力、内容等方面的特质。

从政治学方面来看，在中国，权力与生俱来具有"权
威"性，人们甚至依赖于权力，权力发生作用的方式和过
程非常自然和顺理成章；而在西方，权力的工具性和契约
性使得人们认识到需要采取一系列的方式和方法去限制和
规范它的作用，例如，代理制度，或者三权分立。

无论是哲学、社会学，还是政治学领域，关于权力的
理论都非常丰厚。这些领域的学者对于权力理论在中国和
美国文化下的理解非常不同。这些理论成果对于从心理学
角度研究权力问题有很大的参考价值，因为它们提供了关

于权力的朴素的认识（Lay Theory），或者意向性民间理论（Folk Theories of Intentionality），这对于建立一个有关权力的跨文化的比较模型尤为重要。但是，这些理论毕竟缺乏实证研究的证据。所以，哲学、社会学和政治学中有关权力的理论需要参考，但是更需要心理学实证研究的支持和延展。

1.2.3　权力的心理学研究

权力的心理学研究主要集中在社会心理学方面，采用实证的研究方法，关注的是个体在具有权力和不具有权力的条件下，人们心理活动的特点和行为的差异，以及拥有／不拥有权力对他们的影响；权力的心理学研究主要着重于获得权力的心理学基础，以及构成这种基础的各种变量；权力的机制研究主要关注权力作用的过程及方式；权力的后效研究则考察权力的拥有和缺失对人们情绪的影响。

第一，权力的心理起源

关于权力的来源，影响最大和最为广泛的理论是出自 French & Raven 1956 年在《社会权力的基础》一文中"五种权力"的提法。基于权力的团体动力理论，权力的来源主要包括奖赏权、强制权、法定权、专家权和表率权。用来描述有权力的人 O 和没权力的人 P 之间的关系。

奖赏权（Reward Power）是指，P 服从 O 的命令，是因为他认识到这种服从会带来正面的、有利的结果，即奖励与赏识。所以，O 能给 P 施以 P 认为有价值的奖赏，O 就对 P 拥有一种权力，即奖赏权。

与奖赏权相对应，强制权（Coercive Power）在于 P 能够认识到，O 不仅能对自己施以奖赏，还能施以惩罚。

法定权（Legitimate Power），是指组织中各职位所固有的合法的、正式的权力。P 知道 O 拥有这种合法的权力，来指示自己做出什么样的行为。

专家权（Expert Power）来源于特殊技能或专门知识的影响力。如果人们具备某种其他人无法与之抗衡的特殊技能或专门知识，就享有了专家权。一般来讲，人们往往会听从某一领域专家的忠告，接受他们的影响。

表率权，或称参考权（Referent Power），是与个人的品质、魅力、经历、背景等相关的权力，是建立在 P 对 O 的认可和信任的基础上的。当 O 的行为、思想可以作为 P 的表率，或者由于 O 具有某种超人的禀赋，或者好的品质、作风、学识，而受到 P 的敬佩和赞誉，愿意模仿和服从 O 时，这种权力就发生了。

而从生理和生化方面，有关权力起源的研究不胜枚举。不同的权力水平与不同水平的皮质醇（cortisol, Ray, Sapolsky, 1992; Sapolsky & Ray, 1989）和睾固酮（testosterone,

Bernhardt, 1997；Dabbs, 1997；Gladue, Boechler, McCaul, 1989；Mazur & Booth, 1998）相关。睾固酮水平反映和增强与地位和支配有关的特质和情景（Schultheiss, Dargel, Rohde, 2003）；这些内部和外部线索会导致睾固酮的提升，并与支配行为相互促进（Archer, 2006）。权力拥有者的皮质醇基线水平和对压力源反应的提升水平都低于低权力者（Abbott, et al., 2003；Sapolsky, Alberts, Altmann, 1997）。与睾固酮在男性身上对权力相关行为的推动作用相对应，最近有一项实验，即用电脑测验比赛操作女性面临竞争结果的过程，然后从这些参与者的唾液样本中检测她们的荷尔蒙成分的变化，发现雌激素会增加女性的权力和无意识的支配性动机（Stanton & Schultheiss, 2007）。

第二，权力的机制研究

加州伯克利分校心理学家 Keltner（2003）对于权力的机制进行了有效的总结，可以概括成以下五种模式。（韦庆旺 & 俞国良，2009）

1. 权力控制模型

权力控制模型（Power-As-Control, PAC）由美国心理学家 Fiske（1993）提出，他的基本理论是，"权力就是控制"。认为"权力大的人以刻板印象的方式认识权力小的人"，以形成对权力小的人的控制。这个理论直接给权力贴上了"消极"的标签，而且将权力及其发生作用的过程简单化和狭窄化了。

2. 接近 / 抑制理论

接近 / 抑制理论认为，掌握权力多少有差异的人们在建构自己的社会环境时采取的方式也是有差异的。当提高人们的权力时将产生更多直觉的和本能的社会认知，当降低人们的权力时将产生控制性的和节制性的社会认知。权力的扩大会激发"行为接近系统"，从而引发与奖赏相联系的行为；权力的受制会激发"行为抑制系统"，从而引起与惩罚相关的行为。这两个理论都认为高权力地位的人比低权力地位的人对社会事件深思熟虑得更少，采用的认知方式更省力，更容易采用启发式和自上而下的方式。但是，权力产生的自动信息加工特征并没有得到直接验证，并且他们所探讨的认知领域仅限于人际知觉等社会认知过程。（Keltner，Gruenfeld，Anderson，2003）

3. 抽象认知假设

抽象认知假设（the Abstraction Hypothesis）建立在以上两个模型的基础上，根据解释水平理论做出了说明，因为权力使人们之间产生了较远的心理距离。因此，权力大的人更容易以更省力、更抽象和自上而下的方式认知社会事件，包括认知他人。Smith & Trope（2006）虽然在一定程度上客观地承认了权力带来的中性结果，并且把抽象信息加工的对象从人际知觉任务扩展到拥有权力者所面对的任何认知任务，比如说，拥有权力使得人们的信息加工方式更加抽象。但是，这一理论本身也过于抽象化，没能为我们探测权力发生作用的机制提供更为详尽的指导。

4. 权力的目标理论

权力的目标理论包括目标激活理论和目标导向理论。

目标激活理论（Chen，2001）认为，权力与目标之间建立了心理联结。目标导向理论（Overbeck & Park，2006）认为，权力像"印象一样存贮在我们的记忆中，任何与权力有关的线索都可以自动激活记忆中被表征的目标"，强调"权力使注意成为实现特定目标的灵活的工具性信息加工手段"，偏重的仍然是权力"特质"的一面。

5. 权力的情境聚焦理论

权力的情境聚焦理论（the Situated Focus Theory of Power）可以看作对两种权力目标理论的扩展，它将权力产生的目标一致行为变成情境聚焦的特例（Weick & Guinote，2008）。权力的情境聚焦理论强调认知和行为是建构在每时每刻的情境基础上的动态过程，情境线索对知觉和行为有重要的影响，而以往认为起决定性作用的因素，诸如心境、信息检索的质量、反驳意见的数量以及刻板印象等等，反而都不如决策当时的情境线索所带给权力者行为的影响。

上述有关权力机制的理论模型虽然有不同的侧重点，但它们的共同倾向还是认为公平是默认的规范，或者常态的表现。而权力因为是有关支配和控制的，因此是与西方价值观的基本立场相冲突的。所以，从跨文化的角度重新考证权力的心理机制、后效是非西方文化背景的心理学家应该做的工作，这也是本书产生的学科背景。

第三，权力的心理后效

权力能够造成服从，人们更容易服从有权力者的要求。这在米尔格拉姆的服从实验中已经被反复证明过了（Milgram，1963）。人们还会更容易地接受来自有权力者的说服（Petty & Cacioppo，1986）。在权力关系中，居于上位的人往往采用刻板印象的认知方式对他人进行感知（Fiske，1993），为了给自己分配更多的利益，他们通常采取更多的压迫和强制行为对待权力的下位者（Kim，Pinkley，Fragale，2005；韦庆旺，郑全全，2008），贬低权力小的人的工作成绩（Georgesen & Harris，1998），还往往会对他人进行物化（objectification）（Gruenfeld，et al.，2008）以及产生虚幻的控制感（illusory control），即对超越个体能力范围的结果也有一种控制感（N.J.Fast， et al.，2009）。

另外，对个体而言，拥有或者失去权力之后，也会带来很多不同的结果。提高权力将产生抽象认知、自动化认知、目标激活 / 导向行为、积极情绪、接近行为、更多的冒险行为，以及情境聚焦行为（Anderson & Galinsky，2006）。拥有权力之后，人们的注意和行为具有更大的灵活性（Overbeck & Pack，2006；Guinote，2007），自我调节能力更高（Guinote，2007），解决问题时的创造性更高（Galinsky, et al.，2008；Sligte, de Dreu, Nijstad，2011），而且做出高质量决策的几率更高（Smith, et al.，2008）。而最近的研究还发现，权力能生成一种独立于情境的、分析性的认知模式（Miyamoto & Ji，2011）。相反，缺少权力会损害执行功能（executive function）（Smith, etc.，2008）。

与许多灵长类动物一样，人类的权力表达也经常通过非语言信息进行表现，包括面部表情（顺从的微笑还是皱起的眉头）、凝视的方式（交谈时有眼神交流或者回避眼神），以及姿势的展示（舒展的、开放的姿势，例如挺胸抬头；还是畏缩的、闭合的姿势，例如手臂紧贴身躯或者身体缩成一团）（Carney, Hall, LeBeau，2005；Darwin，1874；De Waal，2007；Hall, Coats, LeBeau，2005）。

另外，近年来权力的具身研究（embodiment study）开始流行。摆出一分钟的代表高权力的姿势（例如，身体舒展，占据更多的空间；保持嘴张开或者紧闭）会引起神经生物水平上相应激素的改变（例如，睾固酮的提高和皮质醇的降低）。（Carney，Cuddy，Yap，2010）

权力和心理物理学方面的研究也开始兴起，由权力所产生的心理物理学方面的知觉后效，主要集中在垂直位置上的结论：支配性强的个体对物理位置更高的探测性刺激反应更快，而支配性弱的个体对物理位置更低的探测性刺激反应更快（Moeller，Robinson，Zabelina，2008；Robinson，et al.，2008）；领导的权力与垂直方向上的位置判断是相关的（Giessner & Schubert，2007）；启动权力地位的高 / 低会导致相对高估 / 低估自己的身高（Duguid & Goncalo，2012）。

1.3　内隐理论

　　本节主要叙述"内隐理论"概念的定义和来源，并分别从哲学思想流派的演进以及心理学在认知科学革命中的发展两个角度来阐释内隐理论的发展和变化，详细阐述其起源、流变、发展和前景，以期与本书的研究主题"权力"问题相结合，同时也为"内隐权力理论"这一主题奠定基础，并为接下来的假设提出和实证研究做好理论建设与铺垫。内隐理论在一定程度上也受到文化传统和期望的影响（Runco & Johnson，2002）。因此，跨文化的内隐权力理论研究有着特殊的意义和价值。从纵向来说，内隐理论又具有跨时间的相对稳定性。因此，可以对不同群体的内隐理论做出对比，这种对比反映出的差异和相似点，就不仅仅是特定时间、特定团体和特定实验条件所产生的偶然结果，而是具有相对稳定性的文化差异。

1.3.1 何谓内隐理论

"内隐理论"（implicit theories）是心理学家提出的用以反映人们潜在的但又是文化共享的，对于世界本源以及如何认识世界本源的一整套假设。心理学中有很多概念其实反映的也是内隐理论概念，例如：朴素认识论（Lay Theory）（Kruglanski，1989）；民间的意图理论（Folk Theories of Intentionality）（Malle & Knobe，1997）；或者是内隐人格理论（Chiu，Hong，Dweck，1997）。"内隐理论"意味着隐默的、不直接表达的，或者不能完全清晰阐释的。这一概念着重强调了个体与意识的关系，重视意识内涵的丰富性。

也有一些心理学家用内隐理论定义个体具有的人格结构，这种结构存在于个体的心智之中（Furnham，1988；Sternberg，et al.，1981）。更简单地说，是把内隐理论看作个人信念，正如关于认知的知识可以被看作元认知的一个成分一样（Baker & Brown，1984）。

无论是心理学家，还是人民大众，都能发展出他们各自对于人类心理现象和行为现象的极为丰富的理解和解释。如果说，前者反映了科学心理学的取向，后者则主要成为常识心理学的构成主体。可以说，外显理论和内隐理论分别代表了这两种取向的建构立场。个体持有的理论可以同时包括外显和内隐两部分。但是，外显理论往往处于较为抽象的层面，它们未必能够直接帮助人们解决所面临的实际问题，所以人们常常要在一定程度上借助于自己的内隐理论，对世界赋予自己的解释和意义，并从中衍生出自己的策略和方法（李茵 & 黄蕴智，2006）。

1.3.2 内隐理论之起源

内隐理论的哲学背景可以追溯到柏拉图和亚里士多德，他们对于意识和有意图的行为进行了深刻的评论。而在后来的哲学流派中，其哲学来源主要体现在两个方面，一方面来自经验主义和理性主义的争论，另一方面来自对客观主义的批判。而内隐理论的心理学背景，则可以很容易地从弗洛伊德（Freud）及其精神分析的无意识理论中溯源。

英国组织和应用心理学家、伦敦大学学院教授弗海姆（A.Furnham）试图从四个方面来描述内隐理论的特征：（1）它们在对现象的解释方面是典型的含糊不清和不一致的；（2）它们倾向于解释现象的类型和范畴；（3）它们经常混淆因果；（4）它们是演绎的而非归纳的（Furnham，1988）。弗海姆注意到，内隐理论能够而且常常与科学理论相重合，并可能按照类似的方式起作用。而事实上，形式理论和科学理论常常起源于科学家最初的非形式观察和内隐理论。

萨宾（T.R.Sarbin）等人列出了内隐理论起源的四个原因：（1）归纳或经验；（2）从观察得出的结构、推理和演绎；（3）从特殊的事件进行的类比或推断；（4）从其他途径产生的权威或认同。

冯特及其追随者的实验心理学，重视意识的内省分析，对心理学的研究停留在意识层面。而弗洛伊德发起的精神分析学，则开始大胆地探索人类潜意识层面的奥秘，并建立起庞大的无意识心理学体系。他将无意识定义为"被压抑或被排斥到意识阈限之下的原始冲动、本能及与本能有关的欲望"。

精神分析学派的其他重要人物，包括荣格、霍妮和弗洛姆等人，通过对弗洛伊德无意识中泛性论的批判，将无意识概念进行了扩展。精神分析学派主张意识的根本动力依赖于潜意识；在每一个意识的内容中，都存在一个潜意识的初级阶段。这些思想正是内隐社会认知的先导。换言之，这是"社会认知无意识操作"的历史依据。在许多对于内隐态度的界定中，都可以发现弗洛伊德"疏泄"概念的变式。例如，在内隐自尊中，可以发现"自我防御"概念的痕迹。个体的内隐理论游离在意识的边缘，甚至潜隐在意识阈限之下，等待特定的情境或任务来激活它，才得以提升到意识层面，从而被加以表征。

内隐理论既是隐默的，又是相对稳定的。它以经验主义为基础，根据弗洛伊德的精神分析理论而生发，在现代心理学中又逐渐过渡到实证科学的阶段。内隐理论作为一个独立的术语在心理学中的应用和研究起源于内隐人格理论（Dweck，1995）的探讨和研究。Dweck 等人的研究提倡，人们的内隐认知理论中，对人类的人格特性知觉的一个重要方面是关于这种特性是固定不变的，还是变化可塑的。如果是固定不变的，则这种对人特性的认知模式称为"实体论"（entity theorist）；相反，如果认为是变化的和可塑的，则称为"渐变论"（incremental theorist）。实体论和渐变论两种内隐人格理论对于人们对自身行为的理解和反应起着制约和调节作用，从而导致社会认知模式和行为反应方式的不同。

持"实体论"的人将人的特性看成是固定不变的。他们习惯于采用抽象的方式对人类行为进行高度概括化，使用静态的内在特质（trait）对人类行为进行描述，他们理解人类行为是由这种静态的内在特质所决定，基本不受内外调节因素的影响。相反，持"渐变论"的人将人的特性看成是可以发展变化的和可塑的。渐变论者强调具体的起调节作用的内部因素和外部因素会对人类心理动态过程造成影响，不主张用宽泛的、概括化的，或者静态的内在特质去理解人类行为，他们将人看成是与其具体关系背景不可分离的（王墨耘 & 傅小兰，2003）。

通常情况下，人们不会对自身的内隐理论加以澄清，内隐理论可以处于意识的不同层面，但它通常处于意识和无意识的边缘地带，或者隐藏于阈下意识之中，在特定的情境和任务之下才有可能被激活，进入意识层面（李茵 & 黄蕴智，2006）。但普通人的理性正是潜藏于和隐含在内隐理论系统的运作过程之中（韩雪，童辉杰，邱训荣，2009）。内隐理论不但注重个人或者环境等现实条件的需求，而且更注重来自个人或者环境等各种现实因素的制约；以实现内隐理论建构向生活实践的转化，但外显理论主要强调的则是概念世界里的抽象建构。

1.3.3 内隐理论之流变

内隐与外显这两种心理行为方式虽然早就被人们认识，但内隐理论的提出和受到重视却与认知科学的发展相关。这是因为，认知科学从本质上来说更加重视涉身心智（embodied mind）、无意识（unconsciousness）和隐喻（metaphor）这些与个体经验相关的东西。内隐理论，恰恰体现了认知科学的这一本质特征。内隐理论的合理性体现在认知科学所引起的以下一些转变之中。

第一，从反映论向建构论的转变。认知科学建立以前，反映论（reflectionism）是一种被广泛接受的世界观和方法论。认知科学建立以后，心理学家和认知科学家发现，人的大脑并不是被动地、如照相机一样地去反映世界，而是有选择地，甚至有偏好地去处理外部世界的信息。人类以自己的内心体验和心理逻辑结构来理解世界，并按照其心理和逻辑结构来建构世界。换言之，人们头脑里的世界是经过人的心智建构的世界。由于心智是涉身的，所以，人们建构外部世界所依据的逻辑规则（logic rules）和心理模型（mental models）也存在明显的个体差异、种族差异和文化差异。这就是内隐理论的建构论依据。

建构论（Constructivism）的思想可追溯到乔姆斯基先天语言能力（innate language faculty, ILF）的理论（Chomsky, 1959），以及皮亚杰的结构性（constructive）语言能力的主张。心智和语言哲学家塞尔（Searle）根据奥斯汀（Austin）的言语行为理论建立了社会建构论。塞尔认为，反映论是无法解释社会建构之谜的。例如，"棒球"和"货币"这种社会结构就无法从力场中的物理粒子所构成的世界中得到解释。塞尔借用安斯康姆（Elizabeth Anscombe）"原初事实"（brute facts）的概念，区分了作为认知对象的"原初现实"和"建构现实"（institutional facts），前者如高山、河流，后者如棒球、货币。他认为，社会只能用建构现实来加以解释，而建构现实通过集体意向性，以形如"X 在 C 中被当作 Y"的逻辑规则产生出来。

第二，从有意识认识向无意识认知的转变。在认知科学建立以前，以主体—客体二元结构为特征的认识论只在意识的层面上探索认识的规律。据此可分为唯物论的反映论、唯心论的先验论以及笛卡儿二元论的"心身交互论"和"天赋观念论"。此后，笛卡儿的"心身问题"（mind-body problem）一直是欧洲哲学家关注的认识论核心问题。直到认知科学建立，"心身问题"仍然被认知科学所关注，转变为心智哲学的核心问题。

无意识是一种心智状态。按照弗洛伊德的划分，无意识的心智包括"自我"（id）或"直觉"（instincts）和"超我"（superego）两种形式。在无意识状态下，心智的运行处于意识心智的知觉和注意之外。人类心智是由意识和无意识共同掌控的，它们好比两个舵，两者又是互相转换的，它们共同掌控着心智，决定了心智的工作方式和前进方向。

值得注意的是，以上各派别的认识论问题，都是在意识层面上讨论的，这种情况直到 20 世纪中叶语言哲学建立后才发生改变。语言哲学放弃主体—客体二元结构的认识论，采用主体—语言—客体的三元结构来讨论认识论问题。语言哲学家认为，对人而言，主体不能反映客体，除非经过语言；客体也不能被主体认识，除非经过语言。

如此一来，在语言哲学中，语言不仅获得本体的地位，而且居于认识论的核心。乔姆斯基发现"先天语言原则"（innate language principles）和"先天语言能力"（innate language faculty，ILF）的存在（Chomsky, 1957, 1959），转而研究语言与心智的关系（Chomsky, 1968）。

乔姆斯基认为，不仅语言能力是先天的，心智能力也是先天的。随着研究的深入，人们发现，语言加工是自动的（Meyer，1971），而脑的自动加工无须注意资源的参与，不受人的意识控制。因此，语言加工是无意识的。人们进一步发现，思维也是无意识的（Lakoff，1999），心智的一部分也是无意识的（Etkin，et al.，2004）。2004 年，赫希（Joy Hirsch）用功能性磁共振成像技术捕捉到由短暂呈现（33 毫秒）的可怕面孔引起的、已经逃脱意识注意的，但在大脑杏仁核被检测出的无意识焦虑（unconscious anxiety）。

第三，从逻辑认知向心理认知的转变。20 世纪西方哲学在认识论和方法论上占主导地位的路线是唯理主义的、逻辑主义的和分析方法的。主要代表人物和理论有罗素和弗雷格的逻辑主义数学和哲学、早期维特根斯坦的逻辑哲学、乔姆斯基的唯理主义语言学等等。最典型的是怀特（Mroton White）以"分析的时代"来命名 20 世纪的思想和学术，并对 20 世纪主要的哲学流派和人物进行了深入的分析，包括摩尔的实在论，克罗齐的历史哲学，桑塔亚那的神话、道德和宗教，柏格森的时间、本能和自由，怀特海的自然与生命，胡塞尔的现象学，萨特的存在主义，皮尔士的实用主义，詹姆斯的真理和实践，杜威的科学与道德学，罗素的数学、逻辑和分析方法，卡尔纳普的逻辑实证主义，维特根斯坦的语言哲学以及怀特本人的人的哲学。

20 世纪中叶以后，这种认识路线逐渐发生改变，从逻辑主义的路线逐渐转向心理主义的路线。晚期维特根斯坦完全抛弃他自己早期的"逻辑图像论"而转向"语言游戏论"，而这种转向是以他从形式语言回归于自然语言以及他从逻辑学的研究转向心理学的研究为基础的（蔡曙山，2009）。在乔姆斯基身上，同样体现了这种转变。乔姆斯基的语言学是唯理主义和心理主义的。唯理主义，是指他的句法结构理论是用数学逻辑的方法建构起来的，同时也指他的"先天语言能力"（innate language faculty，ILF）的假设。心理主义，则是指他从"先天语言能力"这个假设出发，开始对语言与心智关系的探索。乔姆斯基说："语言是心灵之镜。"他又说："心理的真实性就是一种可靠理论的真实性。"乔姆斯基语言理论的心理学特征的一个证据是直觉和意向在语言分析中的作用："如果不使用直觉，语言分析就不能进行。"例如，英语中的主动语句和相应的被动语句在语义上被看作是等价的，但我们选择使用主动语句或被动语句来表达该语句的意义是由心理和意向因素决定的。在汉语中，象形文字的直觉意义尤为明显：从词法到句法，汉语的直觉意义都体现了象形文字的特征。另外，所有语言共同具有的隐喻特征，也是以直觉作为基础的。乔姆斯基语言理论的心理学特征的另一个证据在于该理论的一个重要原则：简单性和经济性。

综上所述，人类认知活动中逻辑 — 心理转向是明显的。

程序任务过去认为主要是逻辑的，现在认为主要是心理的。

1.3.4 内隐理论之发展

近年来，无论是在实证科学领域，还是非实证科学领域，都涌现出一些以内隐理论为载体，或者以内隐理论为研究范式，来探讨各种心理学问题的研究。内隐理论在研究方法方面的发展，包括诱发内隐理论和表征内隐理论两种不同的取向。

"内隐"是相对于"外显"而言的。在心理学领域，如果将"外显"与"内隐"进行辨析，从测量上来看，一个是直接的，一个是间接的；从心理归因（psychological attribute）来看，一个是明确的，一个是隐默的；从评估结构上来看，一个是可控制的，一个是自动化的、不可控的和无意识的。（De Houwer，et al.，2009）

在 20 世纪七八十年代，内隐记忆和内隐学习成为记忆领域和学习研究的热点课题。到了 20 世纪 90 年代之后，随着社会认知学科的兴起，内隐社会认知也成为众多研究者关注的对象。在现代心理学研究中，内隐社会认知有两个基本来源：一是源于注意研究中的自动化或者控制过程；另一个源于内隐记忆中的无意识和有意识加工（Payne & Gawronski，2010）。第一种根源传承于选择性注意和短时记忆的研究工作（Broadbent，1971；

Treisman，1969）。其核心思想在于，信息加工可以被划分为控制模型和自动化模型。控制加工是要求注意的、能力有限的、自发的和可以改变的；而自动加工只需要少量的注意，能力是无限的，难以根据意愿被抑制。Fazio 及其同事的研究工作显示，建立在这些自动化和控制加工的认知理论基础上的态度是能够被自动激活的。（Fazio，et al.，1986；see also Dovodio，Evans，Tyler，1986；Gaertner & McLaughlin，1983）而这种自动激活的关键在于"不能摆脱（inescapability）"（p.229，Fazio，1986）。

然而进入 20 世纪 90 年代后期，第一种潮流逐渐让位于第二种根源，即意识和无意识的分离。这种转变一方面源自 Greenwald 和 Banaji 在 1995 年发表的最初的综述。区别于注意和短时记忆理论，它建立在另一种认知心理学研究传统的基础上——内隐记忆（Banaji，2001）。虽然测量方法迥异，但内隐记忆一般可被定义为在对早期经验缺乏有意识记忆的情况下，过去的经验对之后表现的影响。（Jacoby & Dallas，1981；Schacter，1987）例如，遗忘症（Amnesic）患者对相同内容的再认和补笔任务有截然不同的表现（Warrington，1968），所以，"不能够有意识地回忆"成为内隐记忆的概念核心。

Greenwald 和 Banaji（1995）将"内隐态度"定义为"不可明确地（或精确地）内省过去经验的痕迹，它们可以调节对于社会性对象的好的或者不好的感觉、想法和行为"（p.8）。由此可见，是否可以"觉察到"和"意识到"成为这一流派的关键词。

这两者虽然相关，但也有区别。内隐记忆关注表现，是可操作的；它建立在过去经验的基础上，被实验者和可直接观察到的后续的表现所控制。而内隐态度关注过去经验的"痕迹"，它能对后续的反应进行"调节"。这一定义更加趋向于心灵主义（mentalistic），也决定了在这一定义的框架下，研究者一般都不会从意识层面对于态度的过去经验进行操控（Payne & Gawronski，2010）。事实上，在内隐社会认知领域，有很多社会心理学的核心构念，比如说内隐态度、内隐刻板印象、内隐自尊等，都不能够通过一般的量表或者内省的方式进行测量。直到20世纪90年代，内隐测量的方法才逐渐地产生和发展起来，主要包括启动投射测量和反应时测量两类。虽然直至今天，对于内隐现象的定义和内部机制仍有所争议，但是这并不影响众多研究者对这一领域的兴趣。

在心理学的众多领域中，都出现了内隐理论的研究，涉及的许多宽泛的主题中，内隐理论已经广泛地被运用于智力（Sternberg，1985）、人格（Dweck，1995）、压力（Fernandez & Perrewe，1995）、偏见（Banaji & Greenwald，1994）以及领导力（Pavitt & Sackaroff，1990），并在理论和方法的建构上有所探索。这些领域内的研究者分别在不同的意义水平上运用"理论"这一术语。

　　具体而言，社会心理学家和认知心理学家已经开始在众多领域开展对内隐理论的研究。例如，以日常观点来看待智力（Dweck & Elliott，1983；Sternberg & Berg，1992）；人际关系、浪漫关系与创造力（Chan & Chan，1999；Puccio & Cheminto，2001）；内隐理论在社会信息加工（McConnell，2001）和模式化形成（Levy，Stroesser，& Dweck，1998）中的作用。

　　Sternberg（1985）在建立智力的内隐理论时，所采用的多阶段设计的研究框架属于表征取向，而对内隐理论的诱发和表征则属于集贮建构取向。在非实证主义学派中，也存在一些内隐理论的研究方法论。例如，黄蕴智的"整体一范式"观就强调内隐理论的结构与科学理论相类似，由三个层面构成，包括核心假定、朴素假设和经验事实（Wong，1998）。

　　核心假定和朴素假设强调个人选择性地接受自己的过去。核心假定以文化价值为基础，而朴素假设以社会和个人现实条件的系统阐释为基础。所以，当人们的核心假定得以确定之后，个体可以针对不同领域对象的细节发展出丰富、个体性和特异性的朴素假设。人们对这两个层面的协调方式较为微妙，个体会收集和整理事实资料并对其进行解释，即将朴素假设运用到经验事实的层面。通过这些方式，个体试图维持这三个层面的一致性，使得内隐理论能够成为一个具有自我组织和自我调节功能的系统。

哲学家戴维森（Davidson）认为，个体通过主体知识、主体间知识与客观知识对现实世界进行认识。这三种知识好似一个三脚架，三者相互支撑，不可约简。

1.3.5　内隐理论之前景

正如科学模型的内隐假设指导对于科学发现的解释，对于原始模型的内隐假设指导着有关自我和他人的信息被处理和理解的方式（Kelly，1955）。这种关于朴素理论在指导社会信息加工中的重要地位的强调也能在海德（Heider，1958）的社会知觉理论中看到。在社会认知心理学领域，内隐理论对于信息的组织和解释的角色越来越受到重视。

值得指出的是，个体有从生活世界中寻求秩序的需要，但是在各种即时性、历时性的个人及环境因素交织的复杂生活世界里，个体不总是寻求解释、预期和秩序，不总是在理性的指引下生活。内隐理论是直接指向个体生活环境的。就其来源而言，它既反映特定社会意识、文化价值的"效果历史"，又是个体在其生活环境的具体境遇中有选择接受的结果。作为一个整体，它往往作为背景的意义起作用。帮助个体形成对自我和周围环境的理解、解释甚至预期，建构出个人生活世界的现实。具体而言，内隐理论当中存有大量隐默的假定、假设、原则和边界模糊的概念，这些元素往往比外显理论对于人类影响更大，需要辅以有关个体经历和体验的背景材料才能领会和掌握。而文化作为一个不可忽视的背景，对于内隐理论的发展起着重大的影响作用。因此，内隐理论需要文化特异性的研究，以便让我们更好地理解人类行为。

1.3.6 小 结

内隐理论是关于某一特殊概念或者事物的基本认识和信念。在心理学中，内隐理论起源于内省和精神分析学派的理论，在认知科学得到发展之后，通过科学测量的方法进行演进，在这些过程中意识和无意识有时候分离，有时候结合。但个体持有的理论可以同时包括外显和内隐两部分。处于抽象层面的外显理论未必能够直接帮助人们解决所面临的实际问题。斯特恩伯格（Sternberg，1985）曾明确肯定，内隐理论是外显理论的起点，内隐理论的研究可以促进外显理论的研究。从生活世界中获得的系统观察和描述中，可提炼出好问题，形成有价值的内隐理论研究课题，成为研究者和反省主体开展对话的起点。所以内隐理论的研究，有助于找到人类对感兴趣的问题所赋予的解释和意义，探究人类针对特定问题所衍生出的倾向性策略和方法，帮助我们更深入地观察人类心理现象的差异，并更为深刻地理解这些差异所导致的人类行为的不同。

第 2 章

问题的提出与研究意义

2.1 本章引论

本章通过分析权力研究的非内隐缺陷以及权力研究的跨文化缺陷，结合第 1 章的"权力"理论和"内隐理论"，提出了"内隐权力理论"这一研究课题，延续第 1 章"权力"的有关理论中文化比较的主题，详细阐释了"内隐权力理论"在东西方文化下的差异和进行实证研究的必要性。并从伦理、形象、制度、态度、关系和表现六个跨文化的维度出发，来论述内隐权力理论的东西方文化差异。按照人类心理模式和认知阶段的自然顺序，建立了从感觉到认知，再到情感判断，最后到行为反应的逻辑结构，从社会心理学和文化认知的角度来探索和研究内隐权力理论不同方面的问题，并阐述内隐权力理论研究的理论意义和实践意义。

2.2 问题提出

2.2.1 权力研究的非内隐缺陷

对于权力的研究虽然如火如荼，但是大多数研究都是从外显角度来考察问题的。从内隐角度来探究权力问题的研究凤毛麟角，表现出非内隐的特性。

在建构外显理论的时候，需要保证用来反映人类心理和行为特质的事实材料的收集和验证过程是可信的，因为它被认为是"对人类心理和行为现象的理解和解释"。我们可以用称谓来比较这两种理论，第三人称立场建构的是外显理论，这种建构具有明确的意识，概念和表达更为清晰，会通过经验进行严格的求证；而第一人称立场所建构的是内隐理论，建构的是内心世界，这是一种实践的取向，有助于个体对周围环境进行解释和预测，保证有序的日常生活。

　　内隐理论是植根于人们内心世界的建构。这是一种来自普通人视角的建构，是一种实践取向的建构，它为个人解释和预测自己及周围环境，在日常世界中自如、有序的生活提供了框架与范式。较之外显理论，人们对权力内隐理论的明确的意识较少，清晰的概化和表达较少，严格的经验证实更少。也有人说，这是一种"非正式的理论"。

　　已有的关于内隐领导理论等相似课题的研究都止步于非实证科学的经验调查（Gerstner & Day，1994；凌文辁，方俐洛，艾尔卡，1991），以内隐理论概括性和深刻性的特点来讲，更应该被应用于实证研究，并用于解决一些更为基本、更为重要和更受关注的问题，例如，权力的跨文化比较。

　　权力研究的非内隐特性最大的缺憾就是，无论在哪个社会，权力问题都属于敏感话题，从外显角度对其进行访谈、调查和评价，都有触犯权威或者触及政治旋涡中心的风险。因此，外显的研究方法下，对于权力问题的研究始终若有所失，尤其是涉及更基本的意识层面或者认知层面的心理学问题的研究，更有必要从内隐的角度来考察权力问题。

2.2.2 权力研究的跨文化缺陷

在西方，"有权力"总会使人联想到"不可信任"。阿克顿勋爵（John Emerich Edward Dalberg-Acton），英国历史学家和政治思想家，19世纪英国知识界和政治生活中最有影响的人物之一，提出的"权力使人腐化"（Power corrupts）已近乎真理（Acton，1887），即掌握了权力的第三人称立场建构人为了达成目的会不择手段，就算是伤害他人也在所不惜。Pfeffer（1992）主张，即使强调权力在组织决策中的重要作用，人们照样会感到困惑，因为这样违反了对于决策必须由个人价值观和客观"正确"选择的西方神话。总而言之，权力是一个不祥的词，是一种代表支配和压制的力量，其目的在于剥削他人，其结局绝对是"自取灭亡"（Russell，1938）。

在第1章所综述的权力心理学研究取向中，我们可以发现，在社会心理学领域，经过实证研究得到认可的有关权力的模型和理论大多出自西方；在社会心理学领域，从文化心理学的角度考察权力问题的研究比较匮乏。在文化心理学（cultural psychology）兴起伊始，早期文化人类学家认为个人的心理是由其文化环境决定的，每一个民族文化都有不同的生活目的和价值取向，文化类型不同，其心理与行为亦不同，这种不同不仅体现在基本的心理过程，如记忆（Cole & Gay，1972）、语言（Greenfield，1972），甚至会体现在情绪上和行为上（Henry，1955），从而造成人格的差异。文化心理学的丰硕理论和成果，让心理学研究者们越来越多地去关注在北美文化下取得的研究成果是否能够类化到其他的文化下。

事实上，在很多种类型的内隐理论中，文化差异都已被探讨过。例如：自我看法（self-views）（Markus & Kitayama，1991）；因果理论（Morris & Peng，1994）；心理理论（Lillard，1997），甚至包括对于模糊和看上去自相矛盾的信息的认知处理（Peng & Nisbett，1999）。但是权力理论却没有被详细地讨论。

本书从以下方面进行思辨性的论证，阐述之前的实验性权力研究没有顾及的——内隐权力理论会存在的跨文化差异。因此，本文将从六个方面提出内隐权力理论在文化差异上的表现。

1. 伦理：仁慈 VS 严苛

"仁"是中国传统儒家思想的核心"三纲五常"居于首位的价值观和信念。在中华民族长达两千多年的政治传承中，儒家思想一直属于掌握权力的统治阶级的基本思想。"仁"指对他人的仁慈和亲和。而"仁"这个字，是两个人在一起，意味着"仁"总是存在于一对相互依赖的关系中。它不是指一种存在于个人内部的个人特质，而是指一种被两个人分享的东西。中国文化特别强调，统治者在行使权力的时候，对臣民要心怀"仁"心，要时刻关注民众的利益。孟子坚持，一切投身政治的人都要对人民有所爱护，从政者的无私也体现为不能为了一己私利而祸害百姓。当人民的利益与自己的个人利益相冲突，或者人民的利益与自己的上级乃至君王的利益相矛盾的时候，应当以人民的利益为先。

与之相反，与东方文化所预设的统治者的睿智以及对臣民的善意与慈爱不同，基督教所秉持的是对人性的"幽暗意识"（张灏，2006）。这一思想根本地怀疑统治者的睿智，以及对臣民的善意与慈爱；更不要说是柏拉图与霍布斯所声称的那种"全善"与"至爱"了。因为统治者也是有罪的人，心中同样充满了邪情私欲，没有正直、良善与公义。

例如，奥古斯丁就是在这样的认知下，严厉抨击了在当时象征着国家最高权力的罗马政权。他相信，绝大多数的政权当局者，根本的动机就只是自我利益的提升，一概都是权力欲望（the lust for power）。他也对世俗之剑的清明、为善与公义毫无信心。奥古斯丁要求"赤裸裸地估量他们，赤裸裸地评断他们！"（Weight them naked, judge them naked!）。他指出，隐藏在公正法律和威仪荣耀背后的，其实是腐化、斗争、邪恶、败德、侵略、傲慢与暴力。他们"完全没有正义，只是一个大盗王国"。

诚如学者特尔慈（E.Troeltsch）所说的，奥古斯丁对于世俗之剑的罪恶性的控诉，在后世得到了无限的扩张。从对人性的幽暗意识来看，所谓的君王"爱"民，也只是虚假的政治神话。"非亲非故"，为什么君王要爱我呢？因此，洛克说得好，君王只有一个时候会"爱"民，那就是当"爱"民对自己有利的时候（Not out of any love the master has for them，but love of himself and the profit they bring him）。这种对权力拥有者不信任的思想，使得专断的权力再也不能隐藏在所谓的睿智、善意与慈爱的保护下了。西方的文化价值观渐渐演变为，认为统治行为的本质不过是统治者的自我之爱与利益的延伸，所以它的最终企图还是一种以自我为中心的占有。对统治者不信任的结果，还产生了种种限制政府权力的措施。譬如洛克，就提出了人民同意权、革命权利、有限政府职能以及国会至上等原则。而孟德斯鸠（Montesquieu）则提出了制衡与分权的学说。

因此，在东西方不同文化传承下，发展起来的内隐权力理论在伦理上的表现是：东方人认为权力是仁慈的，而西方人却认为权力是严苛的。

2. 形象：清廉 VS 混沌

在我国的法制建设中，问题最多、最不能让人满意的是执法，而在中国百姓的心目中，清官享有执法如山的盛誉；司法腐败遭受的批评越来越多，而历史上清官恰恰专门惩治贪官污吏；在过去几年里，中国经常倡导"建设法治国家"，虽然这一蓝图借鉴了西方的法治观念和治理模式，而对于老百姓来说，清官文化的影响力仍然远远大于这种由西方引进的法治观念。

清官精神的主要思想渊源可以从儒家思想中找到。孟子说："居天下之广居，立天下之正位，行天下之大道。得志，与民由之；不得志，独行其道。富贵不能淫，贫贱不能移，威武不能屈，此之谓大丈夫。"这些反映了孟子从政的原则，同时也是中国所有从政者的立身良言。从政者要对自己的政治信念矢志不移，做人也好，为官也罢，都应该有原则，应该有为政治信念和做人原则而付出的献身精神。"君有大过则谏，反复之而不听则去"，孟子的谏诤论及其他儒家思想家的谏诤论给清官的刚直不阿提供了理论的支持。清官的爱民精神就来自孟子的天下观和爱民观（徐祥民 & 马建红，1999）。

美国人虽然对自己的国家怀有神圣的感情。绝大多数美国人相信，是上帝"拣选"了美利坚民族（莫翔，2011）。按康德拉·切里所说，就是"意识到美国负有上帝赋予的特别使命"。但是这种附着在宗教中又并非宗教的情感却并不深刻。在有些人看来，美国是一个鼓励个人奋斗的国家，人民关心的是个人利益，其品德修养难免缺位，国家责任意识会比较淡漠（李文 & 毛悦，2009）。与中国文化相比，他们毕竟缺乏一整套从占主体地位的哲学到统治思想，再深入到政治制度的有关权力的体系。因此，在美国文化中，权力的形象是混沌和不明朗的。

3. 制度：服从 VS 制约

东方人更倾向于认为权力是具有特权的。在中国文化中，权力的特殊性是合法的。某人权力的来源是由其"处于某个地位"决定的，皇帝称为"天子"，权力是天赋的。而在西方，权力却与"自由""平等"相违背，权力只是为达到某一目的的工具，权力的拥有者在本质上与普通人没有什么不同。

随着西方公平模型成为一种隐性的标准，权力和统治阶级的经验调查中有一个明显的主旨，那就是特权的合法性问题（Michener & Burt，1975；Raven & French，1958）。

Tyler 在他的权威模型（1992）中，主张权威和权力的合法性不仅建立在程序的公平合理的基础上，同样也应该建立在当权者将个体视为平等社会的一员的信念上，信任当权者的道德，并相信当权者的不偏不倚。当一个人被公平对待时，他个人的权利和选择应该得到高度的重视，这样的权力存在的合法性，以及权力关系中上位和下位者之间的相互交往也才能够被解释为公正。换句话说，西方文化下的内隐权力理论始终是在力图将权力的"特殊"标签抹掉。

Jost 及其同事（2008）发现，相对自由主义者而言，保守主义者对传统比对进步的内隐偏好更为强烈，对稳定性比对灵活性的内隐偏好更为强烈，对传统价值比对女权主义的内隐偏好更为强烈，对顺从比对反抗的内隐偏好更为强烈，对有秩序的比对混乱的内隐偏好更为强烈。总之，保守主义者对不平等的接受程度比自由主义者更高（Jost, Nosek, Gosling, 2008）。同时，保守主义者对社会地位更高的群体（异性恋者、白人、非阿拉伯裔、非犹太裔、苗条的人、年轻人、肢体健全者等）的内隐偏好要比外显的自我报告更高（Nosek, Banaji, Jost, 2009; Nosek, et al., 2007）。Jost 等人（2004）提出的"制度正当化理论"（system justification theory, SJT）可为此提供解释。"正当化"是指为某些想法或行为提供合法地位或者提供支持的观念。研究表明，人们会主动维持和正当化自身的社会和政治现状，这种倾向在弱势群体成员中的表现更加突出。另外，制度正当化倾向在内隐的、无意识的水平上表现得更加突出（Jost, Banaji, Nosek, 2004）。目前尚且缺乏制度正当化理论的跨文化研究。从意识形态方面考虑，可以认为西方的自由主义更为突出，而中国的保守主义占优势。在内隐权力理论这一问题上，中国人的制度正当化倾向比西方人更为显著。

另外，由于两种文化对于与"权力"息息相关的"代理"概念理解的程度不同，可以这样假设，中国人对于权

力更容易持有"服从"的观念，而西方人则更容易持有
"制约"的观念。

4.态度：积极 VS 消极

　　基于"仁""义""礼"的论述，东方文化对于权力是
褒扬的，统治者在行使权力的时候，要对臣民心怀"仁"
心，要时刻关注民众的利益；要遵循"义"，扮演合适的
角色，并做好那些处于不同的位置时被要求去做的事情，
例如忠诚、尽职或者忠实于自己的角色；要"克己复礼"，
所谓"克己"，就是克制自己，所谓"复礼"，就是遵守权
力关系中的纲常论，即希望恢复西周时期的礼治秩序，以
礼治世，重建西周人文秩序。

　　另外，西方关于权力的社会认知理论有着较为丰富的
成果。例如，权力的控制模型（Fiske，1993），权力的接近
抑制理论（Keltner，Gruenfeld，Anderson，2003），抽象认
知假设（Smith & Trope，2006），目标理论（Chen，2001；
Overbeck & Park，2006），以及情境聚焦理论（Weick &
Guinote，2008）。

　　但是，综合所有这些西方有关权力的理论可以看出，
权力带来的结果，尤其针对权力关系中的下位者而言，大
部分都是消极的。在权力关系的内部，存在很多不同的结
果。与权力的下位者相比，权力的上位者往往以刻板印象
的方式感知他人（Fiske，1993），他们通常采取更多的压

迫和强制行为，给自己分配更多的利益（Kim，Pinkley，Fragale，2005；韦庆旺，郑全全，2008），贬低权力小的人的工作成绩（Georgesen & Harris，1998），还往往会对他人进行物化（objectification）（Gruenfeld，et al.，2008）以及产生虚幻的控制感（illusory control），即对超越个体能力范围的结果也有一种控制感（N.J.Fast，et al.，2009）。

此外，在本土研究者的研究结果中，也发现了一些佐证这一观点的证据。例如，凌文辁、方俐洛、艾尔卡（1991）做出了中国人的内隐领导理论研究。内隐领导理论揭示了内隐权力理论的其中一个方面，主要描述权力关系的下位者对上位者的感知。研究者们通过因素分析出了四个维度，并且都是正向的；而 Offerman（1994）等人的研究对美国人的内隐领导理论进行考察，结果发现了八个维度，包括专制、魅力、感受性、智力、力量、吸引力、献身精神和男性气质，其中有些因素是正向的，有些因素是负向的。

因此可以推导，中国文化下的内隐权力理论较为积极，但相对而言，源自西方的内隐权力理论对于权力的感情色彩不会太正面和积极。

5. 关系：社会 VS 个人

在中国的古典文籍中，"权"的基本含义有两个：一是衡量审度之义；二是制约别人的能力。这说明权力在中国，更容易作为一种"社会性"和"情境性"的存在被强调。在英语中，"权力"的对应单词是 power。这个词最开始出现于法语，是从 pouvioir 演化而来的。而 pouvioir 这个法语词，则来自拉丁语的 potestas 或 potentia，这两个词的词根都是 potere，在拉丁语中，这个动词的意思是"能够"（李军，2004）。因此，这两个词的意思都是"能力（ability）"。"能力（potentia）"在本质上意味着"存在和行动"的力量，"权力（potestas）"则意味着个体属性和工具性。所以我们可以说，西方的"权力"一词的基本含义是"能力"。

中国古代的儒家思想，所共享的一个基本假设是，通过一个人与他人的关系来定义这个人的存在。而这一基本假设，同样也会渗入对于内隐的权力理论中去。

再来看西方对于权力的定义。随着社会心理学的发展，对于权力的定义也在不断发展。由于社会心理学从现场研究的范式逐步转向社会认知的研究范式，以 Galinsky（2003）为代表的研究者们将权力看作一种心理状态，认为如果不存在实际的权力差异，那么启动权力在任何时候都能激活与权力有关的概念和行为倾向。这种对权力认识的微妙转变，将权力在人际之间具有的控制含义演变到与他人和社会隔绝的具有权力感的个体自己身上，强调权力大的人由于不受他人控制，他们的行动会更加独立、自由和具有开放性。

但是，这种重新定义与传统意义上所理解的"权力"的核心含义并不一致，与那些始终处于中心地位的现有权力研究所关注的问题不协调。在他们的定义中，所关注的一直是代表能力（capacity）、资质（facility）和才干（ability）的"做……的权力（power to）"。在西方，"权力"经常性地意味着一种不对称的控制（power over），是作为"能力（potential）"的权力概念的亚概念或者版本：它是通过限制另一个人或者他们的选择，使他们处于自己的权力控制之下的能力，从而获得他们的服从。在所有的概念中间，支配的概念以及像隶属、征服、控制、遵从、默许和顺从之类紧密相关的概念体现了那些能力（Lukes，1974）。例如，在俄语中，通常被翻译为"权力"的单词"vlast"看起来似乎的确意味着权力（potestas），因为它"通常被用于描述某个人控制（支配、强迫或者影响）他人的能力：'权力'被设想成某种'统治'我们、限制我们的自由以及设置障碍等状况的事物"。

Cheung 等人（2001）编制了本土化的中国人格评估问卷。结果表明，中国人有四个人格因素与西方"大五人格"理论中四个因素相类似，包括内外倾、神经质、宜人性和尽责性。另外，有一个因素是中国人所特有的，即"中国传统性"（Chinese Tradition）（Cheung et al.，2001）。"中国传统性"是中国人对自己维持人际关系和和谐内心的评价结果，这表明中国人强调人际关系的作用。所以，我们可以推论，中国人对于权力的内隐理论中，会更偏重人际的因素，而西方人则会更偏向能力的因素。

6. 侧重：思想 VS 制度

相对于西方而言，东方的权力内隐理论更自然地与威望和感召相联系，更加注重权力的思想性。"三纲五常"赋予了权力拥有者天然的威望。无论是从《尚书》的"天民合一、天德合一"，还是《论语·为政》所倡导的"为政以德，譬如北辰，居其所而众星共之"，都可看出东方的内隐权力理论所强调的，权力表现出来的精神感召力、影响力、凝聚力等威望性的特质。

在霍布斯（Thomas Hobbes）的观点中，权力是一种中性的、功利性的力量，它是个人获得其他东西的手段与工具。在此基础上，西方的内隐权力理论就是指"获得任何未来明显利益的当前手段"。

内隐权力理论在古代中国文化中主要体现在"关系"和"仁义"上，体现的是正面的评价和积极的情感反应。如果从儒家文化和近现代社会学范畴来分析"权力"在中国传统文化中的发生，以及对人们的朴素认识论产生的影响，我们不难发现，"五常"不仅仅作为东方社会"关系"的极值所表现，它更是一种政治制度。

另外，正如"自由""权利""平等"是三种美国式的生来就具有的价值观，"仁""义""礼"在中国文化中也处于相同的地位。"仁"可以翻译成"对另一个人的仁慈和亲切"。另一个经常被用来与"仁"相联系的字是"慈"，是指温和与有风度。

春秋时代，人们把仁作为美德。如"为仁者爱亲之谓仁，为国者利国之谓仁"（《国语·晋语一》）。爱亲是一种美德，利国也是一种美德。孔子对"仁"的解说是"爱人"。爱亲是爱自己的亲属；利国，说到底是利于天下人民，是爱人民的表现，是爱别人。两者结合，就是爱所有的人。孔子也讲"泛爱众"，子贡说："博施于民而能济众。"（《论语·雍也》）也含有博爱的思想。孔子的另一个学生有子说："孝悌也者，其为仁之本欤！"（《论语·学而》）这反映了仁的思想是由"爱亲"开始推导的，也就是从孝悌引申出来的。所以，孝是仁的根本。仁是孝的展开与发展。从这一点上也可以看出，儒家思想强调的关系，也是从家庭关系向政治关系做类比的。

"仁者爱人"，那么，该如何爱人？孔子提出了两条原则：一是"己欲立而立人，己欲达而达人"。自己想要成功，也要支持别人成功，自己想要发展，也要帮助别人发展。二是"己所不欲，勿施于人"。自己不想要的东西，不要强加给别人。凡事都要设身处地替别人着想，这是爱别人的重要思路。

战国时代，孟子的仁政学说被作为系统的儒家政治学。孟子的主要观点，首先包括"老吾老，以及人之老；幼吾幼，以及人之幼"（《孟子·梁惠王上》）。尊敬别人家的老人，要像尊敬自己的父母一样；爱护别人的小孩，要像爱护自己的子女一样。再继续往下推，推到天下人民，用仁爱精神对待自己所管辖的人民。这就是仁政。为什么可以而且应该实行仁政？其理论的根据是人的本性是善的，"仁、义、礼、智，非由外铄我也，我固有之也，弗思耳矣"（《孟子·告子上》）。"人之有是四端也，犹其有四体也。"（《孟子·公孙丑上》）有着"民贵君轻"的思想。孟子下结论说："有天下者，失民，则失天下；无天下者，得民，则得天下。"这叫"保民而王"。"饱食暖衣，逸居而无教，则近于禽兽。"（《孟子·滕文公上》）还说"徒善不足以为政，徒法不能以自行"（《孟子·离娄上》）。我们可以看到，仁政的内容既包括发展经济，保证人民的物质需求，也包括伦理教育，提高人民的思想觉悟。孟子认为，这一套理论的切实施行，要求君主"尽心"，要求统治者为人民着想。

而汉代儒家董仲舒提出仁的法则是"在爱人，不在爱我"。认为仁爱的对象越多越广，爱得越远，就越伟大。进一步推广和发展了"仁"的思想。在具体实行"仁政"的操作上，"民天"和"民本"的思想都在利用"仁"，对掌握权力的统治者进行约束和制定行为规范。

《尚书·五子之歌》："述大禹之戒以作歌。其一曰：皇祖有训，民可近，不可下。民惟邦本，本固邦宁……予临兆民，懔乎若朽索之驭六马。为人上者，奈何不敬？"讲的是大禹认为应该亲近人民，不可歧视人民。这里将国家比喻为一棵树，而将人民比喻为树根：只有树根稳固，树才能正常生长。民稳定，国家才能安宁。人民是国家的根本。君王对人民的统治就像用腐朽的绳子驾驭六匹马拉的车那样危险，统治者怎么敢不谨小慎微呢？孔氏传："能敬则不骄，在上不骄，则高而不危。"这一段话出于伪《古文尚书》，在两千多年中产生了深刻的实际影响。及至西周，天命论被提出，即强调天有至高无上的权威，孟子也说"天视自我民视，天听自我民听"（《孟子·万章上》引《泰誓》语），认为人民的视听就是天的视听，所以君王一定要"敬天保民"，如果对人民作威作福，就会得罪上天。据此，孟子提出了"民贵君轻"，认为得到人民真心拥护的人才能统治天下，所谓"得民心者得天下"。

《荀子·大略》："天之生民，非为君也；天之立君，以为民也。"上天创造人民，不是为了统治者；上天设立君王，才是为了人民。所以，统治者应该为人民做事。又说："君，舟也；庶民，水也。水则载舟，水则覆舟。"这句名言也强调人民才是社会真正的主人。民可以拥戴君主，也可以推翻君主。君主的上台下台，是人民决定的。这即是民本思想，包含民主意识。

权力思想深入民心的另一方面的表现是倾听群众意

见。在尧统治时期，设立过"进善之旌，非（诽）谤之木，敢谏之鼓"，舜时"询于四岳，辟四门，明四目，达四聪"（《尚书·舜典》）。早在商朝，议论大事就有召集群众一起的习惯。如《尚书·商书·盘庚上》载"王命众悉至于庭"，讨论关于迁都的事。《尚书·商书·盘庚下》载"朕及笃敬，恭承民命，用永地于新邑"。商末周初出现的《洪范》有"谋及乃心，谋及卿士，谋及庶人，谋及卜筮"的记载。如果这些情况都一致，才是"大同"。

再说"义"。中国文字里面的"义"的言外之意与西方的"普遍的公正"并不完全相同。在关系中所表现出的尊重正是关系所要求的，是义的一种主要表现。经常与义连起来用的字包括"仁"（仁义）或者"情"（情义），主要突出一对关系中的情绪成分。

义在中国思想史上是非常重要的概念，"仁义之道"，所谓"义利之辨"，都是以"义"为重点的。义，就是合理性。孔子认为义非常重要，是政治的重要内容："礼以行义，义以生利，利以平民，政之大节也。"（《左传·成公二年》）礼是外在的形式，是体现内在的义。礼是用一种外在的形式来体现合理的人际关系。有了义，人际关系就能和谐，就会增加利，增加利是为了满足人民的需要。这是政治的大节，即大原则。政治的效果都要落实在有利于人民上。民是本。君子要懂得义，要实行义，"见义思利""义然后取"，这是孟子所提倡的"非其有而取之，非义也"。孔子也有一句名言"君子喻于义，小人喻于利"（《论语·里仁》），也同此理。

孟子说，如果杀一个无辜的人，就能得到天下，他是不会去做这种事的。不符合义的事情不能做，比如不能多要别人的一分钱，也不多给别人一分钱，超出的部分即为"不义"。即使给予百万财富，甚至整个天下，不符合义的，他连看都不看。朱熹也曾经说过，吃饭是天经地义的，是义；但如果为了吃好的，花费超过了自己的经济条件，就成了贪欲，是需要克服的。

董仲舒认为，"好义"与"欲利"这两种需求是人天生就有的。因为义与利都是人所需要的。义可以养心，利可以养身。与身相比较，心更重要，所以养心的义重于养身的利。"义之养生人，大于利而厚于财也。"（《春秋繁露·身之养重于义》）为此，他提倡"正其谊不谋其利，明其道不计其功"（《汉书·董仲舒传》）。他主张不与民争利，提倡以公仪休做榜样。这对于掌握权力的人来说，廉洁就是大义，不贪就是官吏的大宝。孟子所讲的"劳心"与"劳力"的关系，已经流传了两千多年。

唐代大文学家、思想家柳宗元写了一篇散文《梓人传》，讲的是建筑业中的一个梓人，相当于工程师。他在建筑业中掌握的权力相当于国家的宰相。梓人不亲手做那些具体的事，他善于用材，善于用人，善于指挥，就完成了别人无法替代的工作。宰相在管理国家行政的时候，也不能亲自动手做多少具体的事情，主要在于出主意、想办法，在于决策和用人。梓人与宰相是不同等级的劳心者，孔子说的"君子喻于义"，意思是劳心者要合理用人用物。孟子说的"劳心者治人"，意即这些有丰富知识的人是管理别人的人。只能由这些人掌握权力，担任社会管理者。董仲舒所说的"正谊""明道"的人也正是这些人。王充认为这些人"以知为力"，所起的作用比筋骨之力还要大。从义的角度看，儒家是崇尚权力的适当运用的。

再一个，礼。"君为臣纲，父为子纲，夫为妻纲。"这是一种外在的规约性的"礼"，也就是孔子所重视的"礼"。在这些纲常关系中，人被确定在某一位置上，而不同位置又限定一种具体的道德义务。所以，礼是用来约束人们行为的准则和规范。从西周开始，传承的典章、制度、礼仪和文化都称为"礼"。孔子很推崇"克己复礼"。所谓"克己"，就是克制自己；所谓"复礼"，复的则是西周时期的礼治秩序，与"文艺复兴"的旗号相似，同样寄托了对现实的不满及对古代以礼治世的向往，也反映了重建理想人文秩序的愿望。

与礼相比，孔子更重视仁。在他看来，仁先而礼后。仁是具有原生性的，是人的道德本性；而礼是由仁派生的，成为仁的外在表现。人若不仁就根本谈不上礼。礼固然不可缺少，对仁具有辅助作用，但礼的作用在于通过约束人的行为去实现"仁道"原则。只有限制不仁，仁才能因礼得到贯彻落实，礼也才能因仁而合理存在和延续。完全的仁必须含有礼，完全的礼也必须含有仁。礼和仁两大核心内容是相互统一的，联系紧密而不可分割。"仁者，人也，亲亲为大。义者，宜也，尊贤为大。亲亲之杀，尊贤之等，礼所生也。"①中国传统的礼治社会强调"德治"，与西方的法治有天壤之别。这在孟子的思想中体现得尤为明显，孟子强调统治者要发扬善良的本性，实施王道之政。在这种情况下，容易削弱对权力的制约，为至高无上和不容侵犯的王权的形成提供了机会和保障。（杨刘保，2005）

费孝通（1948）提到过的中国社会的礼貌经常通过"长幼之序"来体现。比如，见面打招呼的礼貌经常包括互问年龄，中国亲属制度的特性和最基本的原则之一就是长幼划分，这种礼貌体现了"教化权力"的重要地位。

仔细考察仁、义、礼之间的内在关系，我们能引申出三个一般的准则：第一，遵从权力大的人总是对的；第二，决策的制定应该以取悦那些与个人人际关系网相联系的人为基本原则；第三，察言观色，仔细权衡是正确的和适当的。

当公平被看成是和谐关系中的不平衡或者冲突的一种来源而非理想时，它的本质意味着"君子式的"个人改

---

① 子思．（1989）．中庸章句：艺术中国网．第二十章．

变。在最佳的模式下，正人君子通过认识到自己在等级网络关系中的位置和策略性地运用关系网来演绎角色，从而实现和谐。

因此，西方注重权力的工具性。在西方社会中，权力更像是作为一种制度而存在；而在中国，权力却作为一种思想而存在。

2.2.3　内隐权力理论的跨文化比较

首先，本书将权力的内隐理论定义为"内隐权力理论"，指人们对于权力的基本感受和看法。内隐权力理论是一个涵盖非常宽泛的概念，而本书主要着眼于内隐权力情感、认知和行为方面，用跨文化的模型来为内隐权力理论的研究提供一种较为直接的比较方式。通过引用人类学和心理学的文化模型说（D'andrade，Shweder，LeVine，1984；Plaut，2002；Quinn & Holland，1987；Raval，2009；Shore，1996；Smith，Spillane，Annus，2006），我们运用模型来同时指代人际交往关系的概念表征和实体表征（material representations），反映并组成了个体的解释框架和图式——感觉、思考和行动的方式（Markus，1977）。另外，这些文化特有的模型也同样公开地反映在可以观察到的具体文化形式上——例如，常规、信念和社会惯例及生活情景等。（Markus & Kitayama，2004）

本研究并不能够对于内隐权力理论的所有方面做出事无巨细的完整考察，那将是一项相当庞大的工作。相反，我们期待能够对在东方文化和西方文化下具有巨大差异的内隐权力理论内容，做出力所能及的分辨。我们将依据权力本身的特质、内隐理论的经典研究模式，以及认知心理学中对于人类的认知阶段的经验性理论来构建内隐权力理论的文化差异模型。所以，在这个文化差异模型中，表现出来差异的各个内隐权力理论的方面，从重要性上讲是平行和平等的。

2.3　研究设计

2.3.1　基于情知行的方法的总体设计

首先，我们应该先从宏观和接近质性分析的方法入手，从整体上探索我们所提出的文化差异是否存在。我们借助自然语言处理的技术，采用能够反映人们在语用方面真实生活场景的语料库和情感词典为研究对象和研究工具，分别研究汉语和英语在使用"权力"这一词语时所反映出的总体情感趋势和文化差异。

其次，在内隐测验的研究方法方面，早期的内隐测验包括启动投射测验、词干补笔测验、系列启动任务等等。但内隐社会认知研究中，应用得最为广泛和普遍的仍然是内隐联想测验（IAT）。内隐社会认知与自动的 / 隐默的 / 无意识进程的基本判断和社会行为有关（Payne &

Gawronski，2010）。根据它的两种平行根源，内隐社会认知可能具有提供心理态度指标的功能，而且不需要参与者口头报告所需信息（Han，Olson，Fazio，2006），还能反映内省所无法反映的心理属性（Nosek，Greenwald，Banaji，2006）。由于人们有关权力的概念属于人类的基本认知之一，所以难以通过直接、明确的测量得到一个非常准确的答案；而内隐社会认知测量的发展是为了无须通过直接提问而获得对一个人的性情诊断的推理（Lilienfeld，Wood，Garb，2000）。IAT 评估目标类别和属性类别之间的关联强度，具有合理和良好的信度以及达到临界点的巨大效应（Greenwald，McGhee，Schwartz，1998）。然而，经典的 IAT 仍存在一些结构性问题的局限，会产生一些方法学上的混乱。例如，如果一个人显示对于苹果的偏好超过糖果，我们不知道他或她是否对士力架巧克力有一种特殊的偏好，厌恶青苹果，或者其他一些组合（Blanton，et al.，2006；Fiedler，Messner，Bluemke，2006）。在这种情况下，单维内隐联想测验（SC-IAT）（Karpinski & Steinman，2006）成为一种优先的测量方法来测量我们所感兴趣的问题。有限的关于权力的 IAT 研究仅关注了权力在作为一种次级变量的时候所产生的影响，如，关注权力目标与亲密关系的偏好对比（Sheldon，et al.，2007），这些研究并没有涉及有关权力基本概念的问题。

再次，经过第 1 章中对于与权力有关的心理变量的综述和辨析，我们可以感觉到，在两种文化下，人们对于"权力"这一概念的内隐理论并不像我们设想的那样简单和单一。因此，我们需要通过在两种文化下，对于与"权力"这一心理学变量相似的其他重要变量进行测量和比较，来支持"内隐权力理论"所存在的文化差异，并为之前的实验研究提供效度支持和提供可能的解释途径。

最后，无论是宏观的语用所反映的认知情感，还是微观知觉上所得出的内隐情感认知差异，或者是类似外周变量上的外显社会认知差异，我们都需要进一步提问：这种认知的文化差异是否会带来心理和行为上的改变？因此，我们落脚到内隐权力理论的效应，从知觉后效、决策判断和经济行为差异的角度来做进一步的探索和考察。

2.3.2　情知行的研究逻辑和假设

本研究设计的逻辑是基于心理学对于情、知、行这三个基本问题的关注传统。在任何一部心理学史教材中，都必然要谈到亚里士多德的思想。他的"灵魂论"将人类灵魂分为理性、非理性和植物性三种，分别对应认知、情感和生理（亚里士多德，1999）。教父学的代表奥古斯丁（Augustine）在心身问题上持灵魂主导身体的观点，他认为"灵魂"包括记忆、理智和意志三个方面，主要是认知的成分（奥古斯丁，2005）。经院哲学的代表阿奎那则认为，"心"和"身"是相互独立的，情感是灵魂的功能之一，而理性能力是灵魂的最高形式（Aquinas，1931）。而关于"情感"与"理智（也就是认知）"到底哪个对行为的影响更大的讨论，在哲学史和心理学史上曾经都轰轰烈烈。经验主义者休谟认为，理性只是情感的奴隶（Hume，1978），而理性派康德却认为，只有对时间、空间和范畴进行认知，才能使不可靠的经验或情绪变为知识；人类的判断必须是基于理性，基于认知的（Kant，1999）。在心理学从哲学中独立出来之后，冯特（Wilhelm Wundt）更是把感情（情感）和知觉（感觉）作为心理学的两个基本心理元素（Rieber & Robinson，2001）。科学心理学诞生后不久，仅将意识作为研究对象的状况不再能够适应学术发展和社会实践的要求，出现了意识心理学的危机，为心理学的研究目标从意识向行为的转变提供了契机。20 世纪20 年代，由华生所开创的行为主义革命被桑代克的学习理论、安吉尔的机能主义和卡特尔对内省的质疑推进。心理学开始关注意识影响下的行为，但是行为主义毕竟有严重的生物学化的倾向，具有缩小心理学的具体研究范围的缺陷，其对于环境决定论的错误执迷要求新的发展来帮助心理学走出泥沼。20 世纪四五十年代，Festinger 的认知失调理论、Simon 和 Newell 的人工智能逻辑理论机以及Chomsky 的认知语言学带来了认知科学革命的浪潮。心理学的关注重点又从行为转移到内部认知过程上。此时，经

过两次革命，知、行正式成为心理学的关注重点。而 20
世纪六七十年代开始，经济的繁荣、物质生活水平的提高
伴随着社会的动荡不安和对"科技中心"的反省，人本主
义思潮兴起，心理学又重新开始关心人性论、人道主义和
最本真的喜怒哀乐。因此，情感也是现代心理学所关注的
焦点问题之一。

最近有关知、情、行三者关系的心理学研究表明，情
感对认知起着非常重要的作用。情感是决策和感知等的认
知功能基础，对工作记忆、推理规划等活动起促进或者
阻碍作用（Picard，2003）。临床研究的证据表明，智力
健全但情感缺损的个体在简单决策方面也会表现出不足
（Damasio，2008）。早在 20 世纪 80 年代，就有学者提出，
人们的信息加工过程会受到情感极性的影响，在积极情感
影响下的个体在加工愉快的信息时更流畅，并做出积极的
判断和选择；而消极情感影响的个体对悲伤的信息记忆和
加工更容易，而且往往做出悲观的选择和预期。（Bower，
1981）

此外，情感有助于人们选择有用的、与环境相适应的
信息，进而影响人们的行为，反过来促进对于环境的改
造（Marsella & Gratch，2009）。生理心理学对信息处理
路径的研究反映，无论是直接到达大脑边缘系统的快速通
道，还是先传入大脑皮层再分析的精确通道，都需要经过
情感发生的核心 —— 杏仁核（Damasio，2008；LeDoux &

Bemporad, 1997)。由于情感直接与表象相联系，所以在人们进行决策和判断时，积极和消极的情感甚至成为一条心理捷径，直接决定决策结果（Slovic，et al.，2007 ）。有学者认为，人们在进行风险决策的时候，会更多依据对于决策目标的明显的情感反应，而较少依赖任务的特性，此时情感成为决策的重要信息线索（Clore，Schwarz，Conway，1994 ）。该理论后来甚至发展成"风险及情绪（risk-as-feeling）"模型，强调虽然情感和认知的产生过程是独立的，但它们之间的相互作用会共同对行为产生影响，而在某些情景（例如风险决策）下，情感甚至可以直接决定行为。（Loewenstein, et al., 2001 ）

人类的认知能力和认知发展是心理学关注的核心问题之一。20 世纪四五十年代以后，行为主义流派逐渐丧失在心理学领域的统治地位，而意识研究重新兴起。但是传统心理学在对外显认知的研究中，出现了一些已有的认知理论无法解释的现象，一些与人类行为有关的心理结构和机制是在意识之外的，无法通过内省和自主控制的手段进行研究。随着 1968 年 Warrington 和 Weiskrantz 在遗忘症患者身上发现内隐记忆（Warrington & Weiskrantz, 1968），研究者才开始逐渐认识到内隐认知应该作为外显认知系统之外的、另一种普遍存在的认知机制。内隐认知可以作为认知体系中最基本和最初级的行为调节器，它具有外显认知不可替代的作用。自此，内隐现象的研究热潮开始涌现。

Ostrom 在《社会认知手册》(*Handbook of Social Cognition*)中指出，从社会信息加工的意识和无意识性入手，可以将社会认知划分为外显和内隐两种（Ostrom，1984）。与精神分析理论所界定的"内隐"和"外显"的分离有差异，与露出水平面和隐于水平面以下的"冰山一角"的传统模型不同，认知心理学家逐渐发现内隐和外显的分离可能比我们所预计的更复杂。（Masson & Graf，1993）

虽然直至今日，有关内隐现象的定义和内部机制仍有所争议，但是这并不影响众多研究者对这一领域的兴趣。在 20 世纪七八十年代，内隐记忆和内隐学习成为记忆领域和学习研究的热点课题。实验性分离的方法能区分正常人和遗忘症患者的内隐记忆和外显记忆，加工分离程序理论则倡导定量分析意识加工与无意识加工各自的贡献大小（Jacoby，1991）。20 世纪 90 年代之后，内隐社会认知的实验研究发现，启动效应也存在于社会认知当中。随着社会认知学科的兴起，内隐社会认知也成为众多研究者关注的对象。内隐社会认知是考察内省觉察不到的但是对人们的行为有影响的过去经验的痕迹，它能够反映那些人们不愿意报告或者不能报告的信息的联系，甚至有时候这些信息连人们本身也意识不到（Greenwald & Banaji，1995），它从无意识维度向社会认知提出了挑战。直到 20 世纪 90 年代，内隐测量的方法逐渐地产生和发展起来之后，内隐态度、内隐刻板印象、内隐自尊才能够通过一般的量表或者内隐的方式进行测量。

总而言之，内隐权力理论在情感、认知和行为方面的特点和后果是我们关心的主线问题。内隐权力理论在情感和认知方面可能独立产生，但认知过程会受情感的影响，然后由情感和认知共同对行为产生影响。从认知的历程判断，在本研究所涉及的有关权力问题的方方面面中，一些方面与另外一些方面可以看成自上而下的概念驱动过程（top-down）的关系，即先"感觉"，再"认知"，继而具有"情感判断"。同时，我们先认识到权力的"作用"和"性质"，然后才能做出行为反应。在模型的最后，我们尤为注重不同文化下的人们，在拥有了不同的内隐权力理论之后，所表现出来的不同心理效应和行为反应，研究通过真实的情景来验证这些效应，并从认知行为的不同方面做出效度的检验，同时考察它们在真实情景中的运用。根据之前的文献综述和理论推导与总结，为本研究提出三个假设。

假设一：内隐权力理论存在情感性文化差异。中国人比美国人的内隐权力情感更积极。

假设二：内隐权力理论存在认知性文化差异。中国人比美国人的内隐权力认知更敏感。

假设三：内隐权力理论的文化差异会引起与权力有关的行为表现的差异。中国人比美国人显示出更大的权力偏好后效；在权力情境中，中国人比美国人做出的价值估计更大。

研究逻辑示意图如图 2-1 所示。

图 2-1　内隐权力理论的研究路径

2.4　研究意义

2.4.1　理论意义

构建内隐权力理论的跨文化研究模型的理论意义，在于以下三个方面。

第一，目前世界上所通行的权力机制，包括政治制度，大多发端于西方，在西方经过了数百年的发展、修正和完善，并与西方强调平等公正的文化传统和文化环境相得益彰。但是，基于对东西方文化差异的反思，这种权力机制可能与东方的文化传统相去甚远。

第二，在权力关系中，权力的上位者所具有的权力水平有巨大的能力去改变人类交往的自然属性。人们在权力的不同关系中，应该遵守一种"正确的（right）"或者"标准的"方式与他人进行交往。而当人们处于权力关系的不同地位时，自我体验到的经验究竟如何，是一个文化特异性的过程（Fiske，et al.，1998；Markus & Kitayama，2004）。我们所体验的道德上的"正确"和"自然"，取决于我们对权力关系的看法和定义，以及这种权力关系是如何变得合法的。人们对彼此之间的关系是具有怎样的不同看法，对此进行系统性的分析能够为理解权力以及权力的影响力提供深刻的见解和全新的视角。社会心理学所谓的一个人如何产生影响或者如何被影响并非空穴来风，它展现了关于人们彼此之间如何联系的、基于文化界定的假设。（Plaut，2002）

　　第三，出于更好地解决我们面对的众多社会矛盾，填补权力研究的理论空缺，基于文献的评述和现实的需要，我们需要这样一个研究，能够对东西方两种文化下，人们关于权力的最基本的心理差异做更进一步、更详细的研究。恰好，内隐理论为我们在特定的时刻和关系中测量人们对于权力的假设提供了一个精确的途径。尤为重要的是，内隐理论对于人们想法和感觉的影响要比外显理论更接近人们所持有的价值观念（e.g.，Hong，et al.，2000）。这意味着内隐理论的方法应该能够更好地反映人们的内心动态是如何改变的、造成的原因、产生的结果，以及由此所展现出来的文化变革。因此，本研究致力于建立一个内隐权力理论的跨文化模型，在模型内部，就东西方两种文化下，人们对于权力内隐理论的主要差异点做出一系列实证性的研究，并在两个应用领域内考察内隐权力理论的差异带来的效果，作为模型本身的效度指标。

2.4.2 实践意义

构建内隐权力理论的跨文化研究模型的实践意义，在于以下两个方面。

第一，对公司治理的意义。东西方公司治理理念上的差异，会使东西方人民对于权力的基本看法出现分歧。我国企业在跨国治理时，因为要面对来自不同国家和地区的员工，他们对企业管理者的权力和权威的不同看法，会影响到我国企业国际化的进程、方式、质量。

第二，结合我国的现实情况进行分析，可以发现我国的制度创新在很多情况下都是通过自上而下的权力体系进行推动的，在中国的整体权力关系中，处于上位者的人们通过对新的方案进行试点，以寻求合理的制度设计，然后将新的方案加以推广。在这种制度创新的过程中，政治精英的理性设计作用得到重视和发扬，是具有很大积极效用的，但对于那些与该制度具有密切利益相关的公民和组织在创新过程中的作用却有所忽视（罗亮，2010）。如何基于普通大众对于权力的内隐理论以更好地建立权力关系、完善政治制度？是一个具有政治意义和现实意义的问题。

我们希望内隐权力理论模型能够为体制建设提出一些参考，并为与权力相关的应用领域提出一些建议和指导。

第 3 章

内隐权力理论的跨文化实验研究

3.1　本章引论

　　本章以前两章阐述的理论为依据，采用语料库分析、内隐联想测验、量表测验、图片迫选实验等计算机科学分析、心理学实验和心理学调查等研究方法，对中国和美国参与者的内隐权力理论进行实证研究，论证第 2 章所提到的中西方内隐权力理论存在差异的假设，并对差异存在的具体方面进行研究和探索。

3.2 研究1：“权力”语句情感值的语料库跨文化研究

3.2.1 研究概述

人们对事物的情感倾向具有两面性。比如，正面和负面，或者褒义和贬义。不同文化下的人们对于权力的情感倾向究竟如何？本研究借助语言学中的语料库和情感分析的方法，来探讨这一问题。

在语言学研究中，大量文本的集合被称为语料库（Corpus），语料库中的文本被称为语料，这些语料经过整理，具有既定的格式与标记，在现代通常成为用计算机存储的数字化语料库。1967年，Kucera和Francis发表的 *Computational Analysis of Present-Day American English* 成为语言学上的里程碑（Kucera & Francis，1967）。语料库中的自然数据来自真实的语言交际活动，对语言使用的真实规律有很好的体现。在心理学研究中，也曾应用在认知语言学（Stefanowitsch，2007）、记忆（Adelman，Brown，Quesada，2006）和特殊心理现象（Clark & Wasow，1998）中。

情感词典是收录了情感词的词典。基于语料库的词典具有以下五大优点：强调频率信息；强调搭配与短语信息；强调语言变异；强调词汇在语法中的地位；强调语言的真实性。（HunSton，2002）

被称为词语搭配研究之父的 Firth 有一句名言："You shall know a word by the company it keeps。"[①] 即词的意义可以从与它同现的词中进行体现。所有的词项在被使用时，都不是单独的或者孤立的，词项总是典型地和其他词相结合，在一起使用的过程中共同体现一定的意义（Francis & Pennebaker，1993）。Halliday（1991）也明确指出，语言的基本内在属性是概率。在搭配词被提取出来之后，研究者需要对搭配序列在语料库中出现概率的显著性进行测量。

在语料库问世之前，语言学研究一般都基于直觉，所以经常因为缺乏足够的自然数据而难以深入，使得研究结果存在很大的局限性。语料库语言学的兴起为语言学与词

---

① Firth，J.（1957）."A Synopsis of Linguistic Theory 1930—1955"，in Studies in Linguistic Analysis，Philological Society，Oxford；reprinted in Palmer，F.（ed.）1968 Selected Papers of J.R.Firth，Longman，Harlow.

语相关的研究开辟了一条崭新的途径。在语料库研究中，赋予了词语搭配新的理念，新的概念体系得以建立，一系列新方法和新技术得到开发，使得无论是信息提取、数据处理，还是对搭配行为的描述，都具有了广阔的前景，大幅度地提高了研究效度，让语言学和词语搭配相关的研究得到深入的探讨和详尽的描述。（卫乃兴，2002）

　　语料库和情感词典的存在及其特性，使得我们有可能借助语料库和情感词典来研究"权力"概念在人们语言使用和日常生活中的情感极性。在本研究中，我们同时采用"索引"法和计算搭配词的方法，来计算"权力"一词在不同文化的语境中使用时，与具有情感值的情感词一起出现的概率，从而推测"权力"一词的真实情感极性。

　　目前流行的依赖语料库证据支持的词语搭配研究方法有三种：第一种是利用索引证据和参照类联结，来检查和概括词项的搭配情况；第二种依赖数据驱动，利用词语搭配模式（pattening）理论，通过对搭配词的计算采用统计测量手段进行研究；第三种是通过计算机技术手段，从语料库中提取特性词项，然后对词丛进行计算。（秦平新，2009）

　　基于以上理论和技术，本实验的主要环节包括：以"权力"这一关键词为中心，以语料库索引证据为依据，参照类联结框架，对关键词的搭配情况进行证据检查和概括；从语料库中提取所有含有"权力"一词的语句，然后借助情感词典，用统计手段测量这些含有"权力"的语句

中，所有具有情感极性的词语个数和频率，以"权力"这
一关键词与不同情感极性情感词的共现的显著程度，来确
定词项间在多大程度上反映了"权力"一词在两种文化下
的典型搭配情况和情感极性。

3.2.2　研究假设

中国人在日常生活中提到"权力"比美国人在日常生
活中提到"权力"时具有更为积极的语境。

具体表现在：

（1）汉语语料库中抽取出来的"权力"语句所含有的
积极情感词比率，高于英文语料库中抽取出来的"权力"
语句所含有的积极情感词比率；

（2）汉语语料库中抽取出来的"权力"语句所含有的
消极情感词比率，低于英文语料库中抽取出来的"权力"
语句所含有的消极情感词比率。

3.2.3　研究资料和程序

1. 语料库

在本研究中，我们所选择的中文语料库是"国家语委
语料库"（National Chinese Corpus，NCC）[①]，由中国官方最

---

① http：//www.cncorpus.org/。

权威的语言机构国家语言文字工作委员会（Contemporary Chinese Corpus of State Language Commission）开发。国家语委现代汉语通用平衡语料库全库约有1亿字符，时间跨度为1919—2002年，以近二十年的语料为主。其中1997年以前的语料约有7000万字符，都是手工录入的印刷版语料；1997年之后的语料约为3000万字符，其中手工录入和取自电子文本的各占50%。语料库的通用性和平衡性通过语料样本的广泛分布和比例控制实现。该库的语言材料具有以下特点：（1）多样性。数据来源包括新闻报道、科普读物、通俗读物、学术专论、政论性文章、各类文学艺术作品，以及各种应用文语体等现代汉语作品。（2）完整性。如果文章字数在2000字以下，原则上全篇采用。对于报纸，则采取整篇文章、整版和整张相结合的方式。（3）遍历性。在选材过程中，十分注意各学科分支和各学科间，以及各行各业和社会生活各个领域的语言文字应用的代表性。

英文语料库则采用"美国当代英语语料库"（The Corpus of Contemporary American English，COCA）[①]。它是由美国杨百翰大学（Brigham Young University）教授戴维斯（Mark Davies）开发的，词汇量高达4.25亿，是世界上最大的英语平衡语料库。COCA具有三项优势：规模（Size）、速度（Speed）以及词性标注（Annotation）

---

① http//www.americancorpus.org/。

（Davies，2005）。COCA 收集的数据是从 1990 年开始，到 2011 年为止的美国境内口语、小说、报纸、流行杂志和学术期刊五大类型的语料，每年约增加 2000 万词汇，语料还在不断增长；并且在这五大类型中，语料基本呈均匀平衡分布。

两种文化语料库的比较见表 3-1。

表 3-1　语料库特征对照表

特征	COCA	NCC
获得途径	免费／网络	免费／网络
规模	4.25 亿单词	1 亿字符
时间跨度	1990—2011 年	82% 属于 1978—2002 年
语料来源	口语、小说、流行杂志、报纸、学术期刊	新闻报道、科普读物、通俗读物、学术专论、政论性文章、各类文艺学术作品等
口语规模	8500,0000 单词	2000,0000 字符
语言	英语	汉语

2. 情感词典

中文和英文的两部情感词典被运用到分析过程中。在分析 COCA 的时候，我们采用的是主观观点挖掘词典（Opinion Finders' Subjectivity Lexicon）。该词典由匹兹堡大学（University of Pittsburgh）开发，共收录 2712 个积极词、4902 个消极词。对于 NCC 进行分析的时候，我们采用的是台湾大学观点词词典（National Taiwan

University Sentiment Dictionary，NTUSD）。该情感词典给出了许多中文词汇的情感极性，词典的开发既使用了手工方式，也应用了自动化工具，含有积极词 2810 个、消极词 8274 个。

3. 程　序

在 NCC 中，我们检索出所有包含"权力"的句子。在 COCA 中，我们检索出所有包含"power"的句子，再根据韦氏词典（Merriam-Webster）选出所有与中文"权力"对应的"power"，即"possession of control，authority，or influence over others"（拥有对其他人的控制、权威和影响）。最后，选出了 716 句英文语料和 835 句中文语料。借助情感词典，统计出来每个句子中积极情感词的个数与消极情感词的个数。

3.2.4　研究结果

我们计算了中文"权力"语句和英文"power"语句中每个句子里所含积极词和消极词的频率，并分别对其取对数，得到四个因变量值：英文"power"语句中积极词频率的对数值（LogEnPositive）、消极词频率的对数值（LogEnNegative）；中文"权力"语句中积极词频率的对数值（LogChPositive）、消极词频率的对数值

（LogChNegative）。

我们采用 2×2 的方差分析（ANOVA）方式对以上因变量进行分析。其中，两个自变量都是组间变量：文化（中文 VS 英文）；情感极性（积极 VS 消极）。情感极性的主效应显著，F（1，608）=4.77，p<0.05，即权力的语境偏积极。而文化的主效应不显著，F（1，608）=1.52，p=0.22。即中文和英文语料中权力语句的情感频率总体上没有区别。但是交互作用显著，F（1，608）=13.61，p<0.001。（见图 3-1）

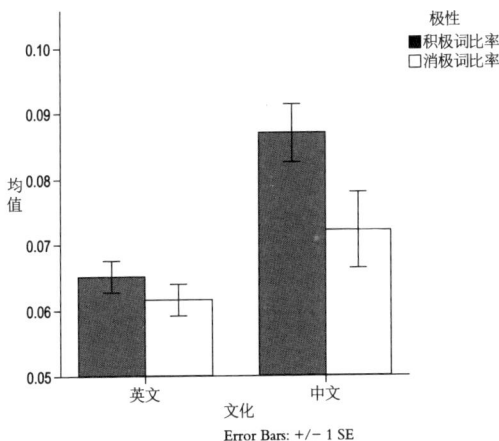

图 3-1　中文和英文语料库权力语句情感极性分析

简单效应分析显示，在中文权力语句中，积极词的比率（M=-1.16，SE=0.26）高于消极词的比率（M=-1.25，SE=0.28）；t=5.17，p<0.001。但是英文权力语句

中，积极词的比率（M=−1.24，SE=0.20）和消极词的比率（M=−1.26，SE=0.20）并没有显著差异；t=0.92，p> 0.05。另外，对于权力语句的积极词，中文的比率（M=−1.16，SE=0.26）要高于英文的比率（M=−1.25，SE=0.20）；而对于权力语句的消极词，中文的比率（M=−1.25，SE=0.30）和英文的比率（M=−1.26，SE=0.20）没有显著差异；t=0.80，p>0.05。

为了平衡时间跨度，我们挑出了1990—2002年十二年间的语料重复上述进行分析。共得到356句英文语料和254句中文语料。文化的主效应不显著，F（1，203）=0.59，p=0.44。情感极性的主效应接近显著，F（1，203）=3.49，p=0.07。交互作用显著，F（1，203）=7.58，p<0.01。（见图3−2）

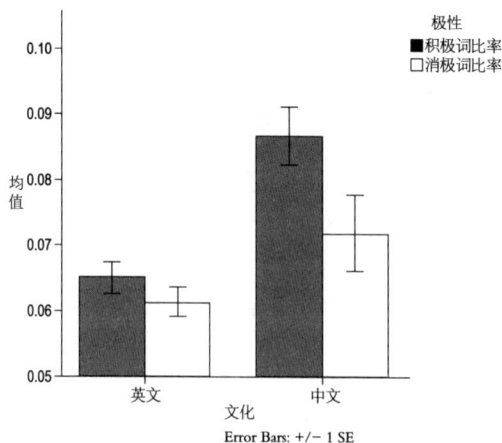

图3−2　1990—2002年语料库权力语句情感极性分析

简单效应分析显示，在中文权力语句中，积极词的比率（M=-1.14，SE=0.27）高于消极词的比率（M=-1.24，SE=0.30）；t=2.79，p<0.01。但是英文权力语句中，积极词的比率（M=-1.24，SE=0.21）和消极词的比率（M=-1.26，SE=0.20）并没有显著差异；t=0.95，p>0.05。另外，对于权力语句的积极词，中文的比率（M=-1.14，SE=0.27）要高于英文的比率（M=-1.25，SE=0.20）；而对于权力语句的消极词，中文的比率（M=-1.25，SE=0.30）和英文的比率（M=-1.24，SE=0.21）没有显著差异；t=0.50，p>0.05。

3.2.5　研究小结

研究结果说明，中国人在日常生活中提到"权力"，比美国人在日常生活中提到"权力"时具有更为积极的语境。语料库丰富的资源，为我们提供了非常翔实的证据；但任何语料库，即使容量再大，文本再全面，从根本上讲都只是对真实语言使用的有限抽样。所以难免会漏掉一些常见的语言现象，或者未能充分反映某些常见的语言现象。弥补的办法包括，通过科学的概率取样对搭配现象进行描述，结合定性分析进行研究。本研究的定性分析方法使得我们能够对"权力"和所有带有情感极性的形容词的搭配情况和特点进行较为扎实的概括。

　　本研究所选取的语料库容量很大，代表性很强。因此研究结果具有较高的效度，使得"权力"一词在不同文化下的真实语言使用中的词语搭配现象得以挖掘和被描述出来。本研究的结果为内隐权力理论宏观层面和日常生活中的情感文化差异现象的存在提供了证据支持，有力地证明了不同文化下内隐权力态度是有差异的，在中国文化下，中文所表达的"权力"情感更为积极。但是作为社会心理学的研究，我们依然需要以个体为单位的个体层面的证据，探讨内隐权力理论的文化差异现象在个体的内隐社会认知心理过程中所表现出的其他细节，例如，内隐态度的差异。因此，我们需要进行内隐社会认知的实验室研究来具体考察不同文化下人们的内隐权力理论的情感差异。

3.3　研究 2：情感性和评价性内隐联想测验

3.3.1　研究概述

研究 1 反映了在日常生活中，不同文化下的人们在谈论"权力"时，所处语境的情感极性差异。从心理学角度来讲，任何语句的表达都具有内隐和外显双重成分，但是语料库所收录的大量书面表达中，一定程度上会受到有意识的控制。因此，上述的文化差异所反映的意识水平的差异可能多一些，不能很全面地表现"权力"的内隐理论。为了更深层次地探究内隐权力理论，研究 2 采用内隐认知测验范式来继续讨论内隐权力理论情感水平的差异。

第 2 章提到了内隐社会认知的兴起过程、代表性观点和主流测验。内隐社会认知是考察内省不能够觉察到的但是对人们的行为有影响的过去经验的痕迹，它能够反映那些人们不愿意报告或者不能报告的信息的联系，甚至有时候这些信息连人们本身也意识不到（Greenwald & Banaji, 1995）。其中，内隐联想测验（Implicit Association Test, IAT）是内隐社会认知的测量方法里最流行和简便的范式，与以往测量内隐社会认识的启动程序（Priming Procedure）相比，它具有更好的信度和更大的效应（larger effect size）。（Nosek, Greenwald, Banaji, 2006）

1998 年，Greenwald, McGhee, Schwartz（1998） 在内隐社会认知中的反应时测量范式的基础上，初次引入内隐联想测验（Implicit Association Test, IAT）作为间接测量人们对于某一概念的内隐态度的方式。IAT 可以测量一组概念（A VS B）和另外一组概念（a VS b）之间联结的相对紧密程度。参与者在 IAT 中，使用左键和右键区分 A 和 B，a 和 b，如果 A 和 a 联系比 A 和 b 的联系紧密时，那么使用同一个按键对于 A 和 a 进行反应就要易于采用同一按键对 A 和 b 进行反应，因而前者的反应时也更快。Greenwald et al.（1998）通过三个独立的 IAT，分别研究了人们对于"花朵 VS 昆虫""韩国人 VS 日本人""黑人 VS 白人"的相对积极和消极的态度。通过对不同任务的反应时比较发现，相对于昆虫，参与者对花朵有更加积极的内隐态度；对日本参与者来说，日本人比韩国人与积极词语联系更加紧密，而韩国参与者则刚好相反；对于外显报告没有种族偏见的白人参与者来说，他们对白人具有的内隐积极态度要高于黑人。在十年间，IAT 被广泛地应用到了社会认知领域（Fazio & Olson，2003）、临床心理学领域（Jajodia & Earleywine，2003）、健康心理学领域（Asendorpf，Rainer，Mucke，2002）、认知神经科学领域（Luo，et al.，2006）、消费心理学领域和经济行为学领域（Maison，Greenwald，Bruin，2004）。

经典的 IAT 有其局限性，主要在于它只能测量个体对于一对目标的相对态度，因此研究者发展出单一目标概念内隐联想测验（SC-IAT），即以时间来对单一目标概念的内隐态度进行测量（Karpinski & Steinman，2006）。与 IAT 原理相同，都是通过人们进行不同词语分类任务反应时的差异来考察个体神经网络中的语义联结。SC-IAT 与 IAT 的不同之处在于：它只包括一个目标词，而非一对目标词，这样就可以只测量单一目标跟何种属性联系更为紧密，从而解决了 IAT 只能测量个体对两个目标相对态度的困境。例如，可以使用 SC-IAT 测量个体对于百事可乐的态度。在反应任务中，要求参与者看到积极词或者百事可乐图片按左键，看到消极词按右键；在另一个反应任务中，要求参与者看到积极词按左键，看到消极词或者百事可乐按右键。这两个任务中参与者的反应时之差就反映了个体对于百事可乐的内隐态度。另外，在 SC-IAT 中，为了防止参与者按左、右键的次数不平衡，从而产生反应的偏差，通常可以调整三个概念的比例，减少这一偏差。由于本研究所测量的"权力"概念恰巧是不适合用经典的 IAT 范式进行测量的，因此，本实验选用 SC-IAT 为测量范式，来考察在情感性和评价性两个维度，中国参与者和美国参与者对于"权力"这一概念所持有的内隐权力理论的情感和认知差异。

3.3.2 研究假设

在对于"权力"这一概念的内隐态度上，不论是内隐情感 IAT，还是内隐评价 IAT，中国参与者的得分都比美国参与者更偏积极。

3.3.3 研究程序

1. 预实验

目标词的产生：我们招募了 5 名母语为英语的研究生尽可能多地想出与"权力"有关的单词。这些备选目标词被放在 Qualtrics① 上制成在线问卷，让 28 名预实验的参与者在五点量表上回答问题：（1）这个词有多积极／消极？（2）这个词与"权力"的联系有多紧密？

属性词的产生：情感属性词来自 Greenwald, McGhee,

---

① www.qualtrics.com。

Schwartz（1998）的 IAT 实验材料；评价性属性词来自 Osgood & Luria（1954）的研究材料。这些备选目标词被放在 Qualtrics 上制成在线问卷，我们给出的指导语是：

我需要找出积极 / 消极的单词来描述"权力"，这些词不能有明显的情感性 / 评价性意味。同时这些词需要是常见的（在日常生活中有较高的使用频率）。请您对下面这些词进行排序。

根据 28 个有效回答，我们选取了最中性和与"权力"联系最为紧密的 5 个词作为权力 SC-IAT 的目标词：支配（Domination）、地位（Status）、监督（Supervision）、主导（Direct）、权威（Authority）。在情感性属性词和评价性属性词排序中，分别选取了排序最靠前的 5 对词作为情感性 SC-IAT 属性词（表 3-2）和评价性 SC-IAT 的属性词（表 3-3）。我们利用 COCA 标定了每个属性词的词频，独立样本 t 检验显示，情感属性词中，5 个令人愉快的词的词频与 5 个令人不愉快的词的词频没有显著性差异：$t(1, 5)=0.393$，$p=0.705$。评价性属性词中，5 个积极词的词频与 5 个消极词的词频也没有显著性差异：$t(1, 5)=0.362$，$p=0.726$。

表 3-2　情感性 SC-IAT 属性词

	令人愉快的	令人不愉快的
中文情感词	兴奋、快乐、幸福、荣耀、喜欢	憎恨、悲哀、腥臭、肮脏、恶心
英文情感词	Exciting、Joyful、Happy、Glorious、Likable	Hate、Sad、Fishy、Dirty、Disgust

表 3-3　评价性 SC-IAT 属性词

	积极的	消极的
中文评价词	强大、成功、胜任、实用、有效	软弱、腐败、无能、没用、低效
英文评价词	Strong、Succeeds、Competent、Useful、Effective	Weak、Corrupt、Incompetent、Useless、Ineffective

2. 正式实验

参与者：中国参与者是来自清华大学的 86 名中国学生，其中有 36 名女性，平均年龄 20 岁。美国参与者是来自加州大学伯克利分校的 111 名白人学生（Caucasian），其中 49 名女性，平均年龄 21 岁。他们通过参加实验获得学分。

程序：中国材料由美国材料翻译得来，并通过回译进行修订。所有的实验程序通过 Inquisit 1.33（Millisecond Software，Seattle，WA）实现，所有的任务都在心理系实验室内的台式电脑上完成，一半参与者先做情感性 SC-IAT，另一半参与者先做评价性 SC-IAT。

内隐权力测验： 所有参与者都完成了关于权力的单维情感内隐联想测验和评价内隐联想测验（Karpinski & Steinman，2006）。在权力的情感性内隐联想测验中，参与者被迫将权力词（支配 domination、地位 status、监督 supervision、主导 direct、权威 authority）与反映情绪的情感性属性词联结，包含令人愉快的词（兴奋 exciting、快乐 joyful，喜欢 likable 等）或者令人不愉快的词（悲哀 sad、憎恨 hate、恶心 disgust）。在权力的评价性内隐联想测验中，参与者被迫将权力词（支配 domination、地位 status、监督 supervision、主导 direct、权威 authority）与反映评价的属性词联结，包含积极词（强大 strong、有用 useful、胜任 competent 等）或者消极词（软弱 weak、没用 useless、腐败 corruption）。每个 SC-IAT 包括两个阶段，每个阶段包含 24 个练习刺激（trial）和 72 个正式刺激（其中包含 3 个 block，每个 block 含有 24 个 trial）。在第一个阶段，权力词和积极词的归类都用 e 键反应，而消极词的归类用 i 键反应；第二个阶段则相反，积极词用 e 键反应，权力词和消极词则用 i 键反应。为了控制左、右键的反应偏差，三类词的按键分布频率用 7:7:10 的比率方式进行控制。（Karpinski & Steinman，2006）

每个刺激都以黑底绿色字呈现在屏幕中央，在每种类别中，刺激词都以非置换性随机的方式抽取。刺激词在屏幕上呈现 1500 毫秒后消失或者直到参与者按键反应消失。如果参与者在 1500 毫秒内没有按键，屏幕底部将出现一行红色提示 ——"请快速做出反应"，并持续 500 毫秒。

3.3.4　研究结果

1. IAT 数据约简

计算 D 值的前期处理与 Greenwald 等（2003）所报告的方法一致，练习阶段的数据（block 1 和 block 3）不计入正式统计。反应时间超过 10000 毫秒或者低于 400 毫秒的 trail 被剔除。有 10% 以上的 trial 的反应时间低于 300 毫秒的参与者需要被剔除。对于错误反应的处理有三种方式，从而有三种 D 值可供参考：（1）不进行处理，即原始值；（2）所有错误反应被 [（该 block 内正确反应的平均反应时 + 2）× 该 block 的标准差] 所替代（Greenwald，Nosek，Banaji，2003）；（3）所有错误反应被（该 block 内正确反应的平均反应时 +400 毫秒）所替代。（Karpinski & Steinman，2006）

2. IAT 结果的分离

经过约简预处理的数据可用来计算 D 值。设定权力词和积极属性词在同一侧的 block 为相容 block（block 2），权力词和消极属性词在同一侧的 block 为不相容 block（block 4）。

设 block 2 和 block 4 中所有值的标准差为 SD。

　　D=（不相容 block 的平均反应时 – 相容 block 的平均反应时）/ SD

　　对于评价性 SC-IAT 的计算结果表明，SC-IAT 反映了对于权力概念内隐情感极性的文化差异。对于相容 block 和不相容 block 的配对 t 检验显示，两种文化下，当权力词和积极词在同一侧时，反应时都要快于权力词和消极词在同一侧的 block。中国参与者 $t(86)=9.375$，$p<0.001$；美国参与者 $t(110)=8.739$，$p<0.001$。对于 D 值的单样本 t 检验也表明，两种文化下 D 值都显著大于 0：中国参与者 $t(86)=11.820$，$p<0.001$；美国参与者 $t(110)=10.070$，$p<0.001$。即中国参与者和美国参与者对于权力的内隐评价都是积极的。如图 3-3 所示。

　　对于情感性 SC-IAT 的计算结果表明，中国参与者的内隐情感权力概念是积极取向的，在相容 block 和不相容 block 的配对 t 检验中，$t(86)=4.727$，$p<0.001$。而 D 值的单样本 t 检验也显示 D 值显著大于 0：$t(86)=5.897$，$p<0.001$。与此不一致的是，美国参与者的内隐情感权力概念呈中性取向，在相容 block 和不相容 block 的配对 t 检验中，$t(110)=0.966$，$p=0.336$，不显著。而 D 值的单样本 t 检验也显示 D 值没有显著大于 0：$t(196)=2.492$，$p>0.05$。如图 3-4 所示。

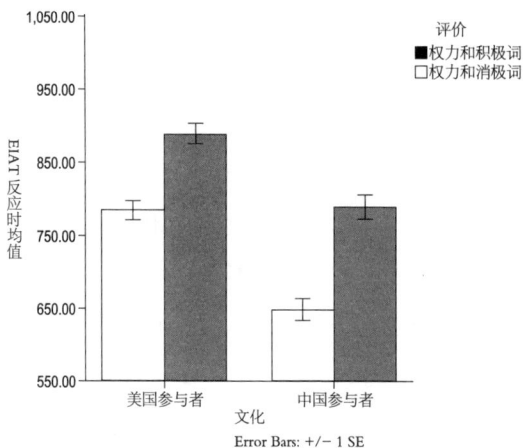

图 3-3 美国参与者和中国参与者在评价性 SC-IAT 上的反应时差异

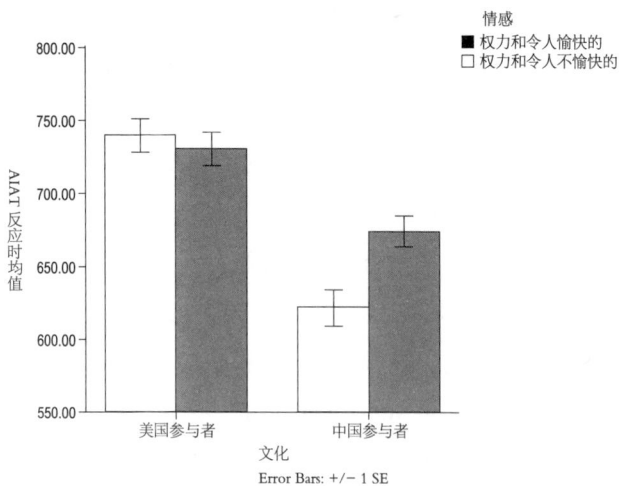

图 3-4 美国参与者和中国参与者在情感性 SC-IAT 上的反应时差异

3.3.5　研究小结

　　本研究证实了在内隐联想测验中，不同文化下的参与者在情感性 SC-IAT 和评价性 SC-IAT 的结果上产生了分离，本研究为研究 1 所得出的现实生活日常语用中的实验证据提供了支持，与研究 1 的结果一致：中国参与者的内隐情感权力概念是积极取向的，而美国参与者的内隐情感权力概念呈中性取向。但是在内隐评价性权力概念的 IAT 得分上，两种文化下的参与者都显示出了显著的积极性结果。

　　这样的结果容易启发我们去思考产生这种分离的原因。对于权力概念而言，情感和评价看上去似乎相距不远，都属于与态度有关的内容，都有积极和消极两个维度；但是在心理学过程的分类上，情感和评价分属不同的认知过程。情感性态度强调情绪和好恶，而评价性态度强调认知和评判。由于内隐认知测验更多的是反映人们外显没有觉察到的态度，为了更深入地了解这种无意识反映的具体意义，我们可以考察在自我报告的量表水平上，不同文化下的参与者做出的回答所反映出的内隐权力理论的不同。

　　内隐变量和外显变量之间的相互关系一直是社会心理学家争辩的问题，有的研究认为它们之间有关系，有的研究认为它们之间没有关系。例如，Greenwald 及其合作者力挺 IAT 具有强大的预测效度，发现 IAT 测得的内隐自尊可以预测对于成功／失败经验的反应（Greenwald & Farnham，2000）；类似地，Jordan 等人（2002）发现内隐自尊与面对失败后的坚持和韧性之间有正相关关系；但是，Karpinski 和 Hilton（2001）的实验发现，IAT 与外显测量不相关，认为 IAT 不能预测行为，外显测量才能预测行为，并认为 IAT 反映的是当个体暴露在特定施测环境下时的联结，而不是个体本身所拥有的评价性联结。另外，Rudman 和 Glick（2001）发现内隐自尊对于某些行为有预测作用，对于另外一些行为却没有预测作用。在内隐权力理论方面，内隐测量和外显变量之间的关系从来没有被人研究过。因此，采用外显问卷进行测量，有助于更进一步揭示内隐权力理论在外显变量维度，如权力距离、社会支配取向和右翼权威主义之上的表现和文化差异，帮助我们了解内隐测验所反映出的差异的意义，以及更进一步了解内隐测验和外显变量之间的关系是否存在。

3.4　研究 3：权力相关概念问卷实测

3.4.1　研究概述

作为研究 2 的内隐联想测验的补充，本研究主要采用自我报告量表的方法来考察与权力有关的外显量表的跨文化结果。

在第 1 章中，1.3.4 列举了一系列与"权力"有关的心理学变量，并做出了与"权力"概念的辨析。本研究考察社会支配取向、权力距离、右翼权威主义等与"权力"概念较为相似的变量之间的关系。

3.4.2　研究假设

（1）由于文化传统的影响，中国参与者在权力距离、社会支配取向和右翼权威主义量表上的得分都要高于美国参与者。

（2）中国传统文化的影响更为根深蒂固。因此，与美国参与者不同，中国参与者在内隐和外显上的态度和价值取向表现都较美国参与者更为笃定，中国参与者的内隐态度与外显态度之间不会相互影响。

3.4.3 研究程序

本研究所采用的参与者与研究 2 的正式实验是同一批参与者。

1. 权力距离问卷

首先，虽然 Hofstede 提出并开发了权力距离量表，但这一套基于文化维度的测量更适用于宏观水平。其次，量表本身也存在一些统计学上的不足。例如，Dorfman 和 Howell（1988）的分析发现，Hofstede 在多个量表中使用了相同的条目，而其中好几个条目出现了多重载荷（cross-loading）的问题。因此，本研究采用 Dorfman 和 Howell 修订的七条目问卷（附录 A），要求参与者在七点量表上评价有关导师（supervisor）的情况，中国参与者的 α =0.70，美国参与者的 α =0.80。

2. 社会支配取向问卷

最早的社会支配取向量表（Social Dominance Orientation Scale）包括两个版本（Pratto，et al.，1994），一个针对参与者对于个体（people）之间是否平等的态度测量，有十四个条目；另一个是针对参与者对于群体（group）之间是否平等的态度的测量，共有十六个条目（附录 B），后者使用更为普遍。另外，为了契合 SDO 本身的概念，我们选用近年改进过的十六条目量表（Levin，et al.，2003）进行实测。中国参与者则使用中文翻译版本（赵静，2008）。中国参与者的 α =0.88，美国参与者的 α =0.91。

3. 右翼权威主义问卷

"左翼""右翼"这一政治名词，源于法国大革命时期，1789 年攻占巴士底狱之后，第三等级取得了政权，选出了一些领导人。但由于领导人所代表的利益不同发生了争吵，当时第三等级中反对革命措施的人坐在大厅中主席台桌的右边，而拥护派坐在左边，由此产生了"左翼"和"右翼"之称（刘浏，1988）。在不同国家与不同时期，这两个名词又有着不同的意义。当时"左翼"惯指支持改变传统社会秩序，创造更为平等的财富和基本权利分配环境；"右翼"指拥护君主制与贵族特权的"保守派"人士。也就是说，右翼、政治右派和右派指各种保守的政治立场。但是在美国，广义上的自由主义用来称呼左翼政治；而在中国，"右派"指的则是支持自由放任资本主义的人。因此，中国和美国的"右翼权威主义"概念有所差异。为了权衡这一概念的原始含义和文化差异之间的关系，我们选取了不同的量表分别在中国和美国进行实测。

根据第 1 章的论述，Altemeyer 等人的工作为最初的 RWA 量表开发奠定了基础，之后的修订都致力于将其改进为一份单维度的测验。因此，我们选取了以此为蓝本，并同时发表在 2005 年的两篇报告分别在中国和美国进行实测。Funke（2005）等人的改进以数据驱动为导向，致力于完美的结构效度，保留了更多与欧美文化相一致的因素。本研究选用这份十二条目的量表用于美国参与者的实测（Funke，2005）（附录 C）；而 Zakrisson 等人（2005）的修订则是理论导向的，更多地考虑了文化差异并以增加其更广泛的适应性为修订目标（Zakrisson，2005）（附录 D）。因此，这份十五条目的问卷被运用到中国参与者中。中国参与者的 α =0.67，美国参与者的 α =0.78。

3.4.4 研究结果

两种文化下参与者在不同量表上的均数差异见表 3-4。中国参与者在三种量表上的得分都要显著高于美国参与者。中国参与者表现出比美国参与者更大的权力距离，t（169）=2.263，p<0.05；中国参与者比美国参与者的社会支配取向更高，t（169）=10.051，p<0.001；中国参与者的右翼权威主义取向比美国参与者更高，t（169）=3.959，p<0.001。

表 3-4　与权力有关的问卷结果的跨文化对比

	中国参与者		美国参与者		t 值
	均数	标准差	均数	标准差	
权力距离	3.464	0.870	3.113	1.154	2.263★
社会支配取向	3.920	0.815	2.273	1.299	10.051★★★
右翼权威主义	3.796	0.603	3.395	0.644	3.959★★★

Note：★★★p<0.001.★★p<0.01.★p<0.05.

另外，这三种变量与 IAT 的相关结果如表 3-5 所示。美国参与者在权力距离、右翼权威主义和社会支配取向上都与 IAT 的 D 值有着不同程度的相关，而中国参与者的 IAT 结果与这三种量表的相关系数皆不显著。

表 3-5　与权力有关的问卷与 IAT 的 D 值相关表

		权力距离	右翼权威主义	社会支配取向
Americans	aD_asis	0.255*	0.236*	0.172
	aD400	0.269*	0.114	0.105
	aD2SD	0.267*	0.084	0.089
	eD_asis	0.135	−0.056	0.053
	eD400	0.096	−0.199	−0.018
Americans	eD2SD	0.096	−0.266*	−0.016
Chinese	aD_asis	0.064	0.034	0.098
	aD400	0.037	0.043	0.078
	aD2SD	0.030	0.051	0.081
	eD_asis	0.071	0.066	0.161
	eD400	0.065	0.083	0.158
	eD2SD	0.043	0.104	0.131

3.4.5　研究小结

　　本研究发现，中国参与者表现出比美国参与者更高的权力距离、社会支配取向和右翼权威主义取向。前三个研究分别从宏观语用、情感与评价性内隐态度和量表方面验证了内隐权力理论的文化差异。

　　上述研究探索了内隐权力理论的文化差异在真实语境中、内隐态度与自我报告上的反映以及彼此之间的关系，而另外一种验证内隐变量意义的方法是考察内隐变量和其他心理活动之间的关系。认知作为最为重要的心理活动之一，其表现程度，与情感之间的关系和情感之间的一致性程度具有非常大的研究价值。任何心理学现象存在的意义都需要外化到认知或者行为表现上，既然权力的概念会存在文化差异，那么浮现出来的问题就是，与对权力的知觉有关的其他属性是否也存在差异？因此，内隐权力理论在情感上的文化差异是否会影响不同文化下人们的知觉偏好和行为反应，是非常值得研究的问题。

3.5 研究4：权力与非权力人物图像的高矮知觉

3.5.1 研究概述

前三个研究分别从感情情绪、评价和外显的角度探讨了内隐权力理论情感维度的表现以及跨文化差异现象。这种情感上的差异是否也会表现在认知上呢？我们希望更进一步地考察内隐权力理论在认知上的表现，以及文化差异存在的可能性。

前一章所述"权力研究的跨文化缺陷"论述了东方人对权力是倾向于服从的；东方社会更加强调作为一种社会规范的权力和注重权力的思想性。与之相对应地，西方人更强调对于权力的制约，意识到当权力被个体掌握后所带来的危险性，并主张利用制度来对权力进行规范化。当我们谈到内隐权力理论的时候，即讨论人们是如何感知作为一种常规、信条和社会惯例及情景的权力的时候，我们不仅应该关注人们对于权力的积极或者消极的情绪反应，还应该关注人们在物理世界和社会环境中对于权力概念的心理反应。

社会世界是如何影响对于物理世界的知觉的？一方面，过去的心理学实验发现，对于权力的心理经验会影响他们对物理环境的知觉。例如，权力地位高的人在做决策的时候所经历的认知复杂性相对权力地位低的人而言会更少（Fiske，1993）；关于不同权力地位的人在谈判过程中的行为表现研究发现，拥有更多权力的一方更难以察觉对方的潜在兴趣，同时权力少的一方则更多地会去总结双方冲突所在以及共同的利益基础（Mannix & Neale，1993）。另一方面，权力和地位的线索也会影响人们对于显示出这类线索的人群的反应和判断。例如，高度估计就常常被作为判断个体权力地位的一项功能。这种联结可以追溯到发展心理学上早期儿童时代的经验和习惯，因为小孩子总是需要面对有权力的、比他们高大的父母（Schwartz，Tesser，Powell，1982）。之前的研究发现，1岁左右的婴儿能够根据图画书上人物的大小来判断人物支配性的大小，当有权力的人的人物更大时，婴儿会判断他的支配性更大（Thomsen，et al.，2011）。高度估计和权力之间的联系得到很多研究的证明（Higham & Carment，

1992；Schubert，2005）。而从隐喻视角（metaphorical perspective）来看，权力与高社会地位相关，而个子高的人容易被判断为拥有更高的社会地位，在组织和社会中拥有更高的职位（Egolf & Corder，1991；Higham & Carment，1992；Melamed & Bozionelos，1992），并且更容易在总统选举中获胜（Judge & Cable，2004；Young & French，1996）。而从进化学的观点来看，占据更多空间的个体被认为处于支配地位，而收缩自己肢体的个体则被认为处于从属地位。（Eibl-Eibesfeldt，1989）人们将高的社会地位归因于个体在物理空间上的提升，当一些群体比另一些群体在空间上占据更高位置时，他们就能够更快地识别出那些占据支配地位的群体。（Schubert，2005）

如第 1 章所述，权力和地位的差异是社会知觉的产物，不同文化下的人们对权力的接受方式、程度都不同。Hofstede（1980，1996）发现人们对于老板和下属之间权力的距离或者不公平的接受程度如何达到平衡在很大程度上取决于这个国家的文化。这种"权力距离"已经成为一种研究者们对于世界上不同文化之间进行比较的重要分类方式，特别是对于"个体主义—集体主义"的跨文化研究领域。Triandis（1994）是第一个将"垂直的集体主义"与有关权力的文化研究以及与他的"个体主义—集体主义"研究联系起来的研究者。以前的研究都是简单地将集体主义和个体主义对立起来，而 Triandis 则认为个人主义和集体主义都各自有两个维度。垂直的集体主义强调权威和等级，中国文化比北美文化在这一点上的倾向更为明显。根据最近关于文化差异和权力知觉的文章，对于中国人和欧裔美国人，权力符号自身（例如，不与特定个体有关的处于高的或者低的权力地位）就应该能够触发对于权力或者等级图式的激活。对于中国人来说，权力是关于家庭、信任、责任和关系的。这些概念更多的是关于人际间交往的，因此与他人的直接联系也会触发中国人关于等级图式的激活，但是却不足以激活欧裔美国参与者。

　　本研究的预期建立在最近兴起的具身认知的理论（Barsalou，2008；Briñol，et al.，2008）基础上。简要地说，认知表征是基于大脑的感觉系统（sensorimotor systems）的。通过对于有经验的身体状态的图式化（schematization），人们发展出对于抽象概念的知觉表征。由于具体的感觉经验部分地残留在这些表征里，激活这些经验就会影响心理模拟（mental simulation）和抽象思维（Boroditsky & Ramscar，2002）。与具身认知观点一致，最近的研究发现心理上的人际温暖的抽象概念是基于生理上的温度体验（Williams & Bargh，2008；Zhong & Leonardelli，2008），而心理上的道德洁癖的抽象概念是基于生理上的清洁（Schnall，Benton，Harvey，2008；Zhong，et al.，2006）。在社会心理学领域内，Chen，Lee-Chai，Bargh（2001），采用教授办公室作为实验场景，让参与者或者坐在教授的座椅上，或者坐在学生的座位上完成实验任务。结果发现，与学生的座位相比，教授的座椅激发了更多与权力有关的联结。这显示具身认知是自动的，在一定程度上甚至是无意识的。

这些研究启发我们，关于权力的心理经验和生理经验之间可能存在一定的相互关系。值得探索的另一个问题是，权力和高度之间的关系是否可以推广到其他领域。研究者已经发现，当参与者提升自己的物理高度时（Judge & Cable，2004），不仅会调整观察者对于他们所处的相对于其他人的权力水平的知觉（Schubert，2005），还会影响他们对于其他人的举动，包括行为者取向（Anderson & Galinsky，2006），发言的主动权（Brown & Levinson，1987）以及将其他人进行物化（Gruenfeld, et al.，2008）。此外，一些研究主张，虽然品牌标志可能象征着精英水平的权力，但是摆出权力姿势的参与者可能并不是真正具有权力，即使他们确实希望别人会这样认为。（Rucker & Galinsky，2009）

因此，研究 4 将内隐权力理论扩展到物理感知范围，采用隐喻的实验手法来考察中国参与者和美国参与者对于具有社会意义的权力图片的物理感知的判断差异。其目的是检测人们对于含有"权力"这一社会隐喻类型的图片是否有感知为更高的错误判断偏好，并检验这种偏好是否具有文化差异。

3.5.2 研究假设

（1）在对权力大的人物图片和权力小的人物图片进行高矮判断的时候，人们普遍具有将有权力的人物图片错误感知为更高的判断偏好。

（2）中国参与者比美国参与者对权力图片的这种误判偏好更为显著。

3.5.3 研究程序

参与者： 中国参与者是来自清华大学的 133 名中国学生，其中有 53 名女性，平均年龄 21 岁（SD=1.98）。美国参与者是来自加州大学伯克利分校的 123 名美国白人学生（Caucasian），其中女性 56 名，平均年龄 21 岁（SD=3.03）。他们通过参加实验获得学分。部分美国学生通过参加实验获得 15 美元报酬[1]。

实验材料： 实验材料库共有男性、女性各 70 对卡通人物图像。在每一个刺激中，并排出现以上两类图片中的其中一对。所出现的人物图像中，每对人物的脸和身材一模一样，只是一个穿西装、一个穿休闲装，而且他们站在同一条水平线上（见附录 E）。人物最小图片像素

---

[1] 实验报酬资助由美国加州大学伯克利分校哈斯商学院的 X-Lab 基金提供。

是 200×400，最大图片像素是 216×432。采用 Image Magicpackage 的"转换"功能为每类图片实现等差 13 级单位的大小差异。①

实验程序：每类图片的 70 对刺激中，左右两张图片呈现相同大小的 trial 有 26（13×2）对刺激；左右两张图片大小有实际差异的有 44（11×2×2）对刺激，即左右两张图片最多呈现 2 个单位的差异。刺激的种类和顺序随机出现，每一名参与者都要完成对所有 210 对刺激的判断，每对刺激只判断一次。每对刺激出现之前，屏幕中央会出现一个十字符号以锚定参与者的注视点，十字符号和刺激之间的呈现时间间隔为 500 毫秒。按照指导语（附录 G）要求参与者需要判断屏幕中央出现的两个人物哪一个更高或者两张门牌哪一个更大，并按左键"e"或者右键"i"进行反应。参与者被告知这是一个反应时的任务，需要又快又准地进行反应。刺激在参与者按键时消失。每对刺激呈现时间最长不超过 4 秒。如果超过 4 秒参与者还没进行反应，屏幕下方会出现一行红色的"请您快速做出反应"提示。

操作性检验：为了证明研究假设，首先需要证明，穿西装的人比穿休闲装的人显得权力更大。所以，在所有刺

---

① 人物图片材料来自网上一个名叫"Dress Up"的 Flash 换装游戏，采用 GIMP 去掉了人物背景。美国人物和中国人物的脸、服饰细节都根据种族特征和文化差异进行了调整，以适合各自的文化。

激判断完成以后，参与者会再次看到人物图片，并需要按键回答下列两个迫选问题：（1）以下两位，谁会是老板（boss）？（2）以下两位，谁会是领导（leader）？

计算过程： 为了检测人们对于权力图片的错误判大偏好，选用了四种统计量来进行定义，它们分别是 E 型错误率、F 型错误率、D 型错误率和 SDT。实验刺激可以分为两大类，一类是存在实际大小差异的刺激；另一类是大小一致的刺激。

对于无差异的人物图片，所有的选择都是迫选错误结果。其中，F 型错误率就是对于所有无差异刺激迫选结果的统计。另外，还统计了把穿西装的卡通人物错误判大的频率 M_F_SL/F_F_SL 和将"校长办公室"门牌错误判大的频率 D_F_PL。在没有偏好的情况下，F 型错误率统计量的期望应该是 0.5。

对于有大小差异的人物图片，首先对每个参与者分别统计总的错误判断率 M_E/F_E。在所有错误的判断（非迫选问题）中，再计算把权力图片错误判大的比例 M_E_SL/F_E_SL，这一统计量定义为 E 型错误率。值得注意的是，这里的 E 型错误率指的是归一化后的"比例"。所以如果参与者的错误判断不受权力态度的影响，其期望值应该也是 0.5。类似地，对门牌有 D_E 和 D_E_PL。

根据上述统计方式，对于存在大小差异的图片，可以统计出在所有已知权力图片大的问题中，将它错误判大的频率"M_A_SL",在所有已知权力图片小的问题中,将它错误判大的频率"M_A_SS",然后定义 M_D_SL=M_A_SL－M_A_SS。这一概率就是 D 型错误率,即错误判大比错误判小的差异;如果参与者的错误判断不受权力态度的影响,期望值应为 0。类似地,可以对西装女和门牌计算 A 型错误率 F_A_SL,F_A_SS 和 D_A_PL,D_A_PS,以及 D 型错误率 F_D_SL,D_D_PL。

另外,对于那些存在大小差异的图片,我们采用如下的基于信号检测理论(Signal Detection Theory)的统计模型,来定义反映参与者权力知觉偏好的统计量 SDT。我们将代表权力更大的西装人物比权力小的休闲装人物大的那些刺激作为"信号",将剩下的西装图片比休闲装图片小的那些刺激作为"噪音"。参与者对于不同外界刺激(信号或噪音)的主观判断(权力图片相对无权力图片的大小),可以抽象成一个有重叠的混合标准正态分布的随机抽样的过程。对于"信号"刺激,参与者主观判断是来自右边的正态分布的一个抽样;对于"噪音"刺激,参与者的主观判断是来自左侧分布的一个抽样。如图 3-5 所示,两个正态分布中值之间的距离可以理解成参与者对信号和噪音的区分度或者辨别力(d')。

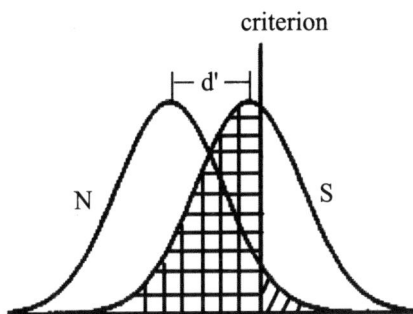

图 3-5 美国参与者和中国参与者在评价性 IAT 上的反应时差异

参与者的权力知觉偏好体现在两个正态分布中心连线上的某个点，这个点的位置对应于参与者做出最终判断的判断标准（criterion）。当抽样值大于这个阈值时，参与者做出了"权力图片更大"的判断；小于阈值时，参与者做出了"权力图片更小"的判断。当阈值点更靠近右侧分布中心时，参与者的感觉偏好是"权力图片更大"；反之，当阈值点更靠近左侧分布的中心，参与者的感觉偏好是"权力图片更小"。参与者的权力偏好可以量化为：

$$SDT = \frac{0.5 \times d' - CRITERION}{0.5 \times d'}$$

由于本研究考察的是权力的知觉偏好，因此，在信号检测理论的四种经典反应类型中，虚报率（False Alarm，FA）和漏报率（False Rejection，FR）对权力偏好的反应非常有意义。在这个模型下，虚报率代表参与者将实际上更小的权力图片错误地判断为更大的概率，对应图 3-5 中的斜线阴影部分的面积；漏报率代表将实际为更大的权力图片错误地判断为更小的概率，对应图 3-5 中的格子阴影部分的面积。FA 和 FR 决定了模型中信号和噪音的区分度（d'）：

$$d' = qnorm (1 - FA) - qnorm (FR)$$

和判断指标（CRITERION）：

$$CRITERION = qnorm (1 - FA)$$

其中 qnorm 是标准正态分布的分位数。根据每个参与者对所有有差异大小的 44 个刺激的反应，我们可以得到对 FA 和 FR 的估计，从而计算出 SDT。

3.5.4 研究结果

操作性检验结果：对于两个操作性检验的问题进行频次统计、卡方检验和费希尔精确测试的结果如表 3-6 所示。结果显示，67% 的参与者认为穿西装的男人更像老板（二项分布检验 $p<0.001$）；57% 的参与者认为穿西装的男人更像领导（二项分布检验 $p<0.01$）；68% 的参与者认为穿西装的女人更像老板（二项分布检验 $p<0.001$）；但只有 48% 的参与者认为穿西装的女人更像领导（二项分布检验 $p>0.05$）。

表 3-6　人物图片权力知觉操作性检验结果

Populations/	Americans	Chinese	Pearson Chi-Square	P-value of Fisher's exact Test
Manipulation check				
Total Frequency	123	133		
M_SUITE_BOSS	114（82.7%）	56（42.1%）	73.28***	0.000
F_SUITE_BOSS	111（90.2%）	63（47.4%）	55.03***	0.000
M_SUITE_LEADER	57（46.3%）	89（66.9%）	42.73***	0.000
F_SUITE_LEADER	29（23.6%）	93（69.9%）	15.71***	0.000

但是，总体上看起来并不完全一致的操作性检验结果实际上来源于中、美参与者对于穿西装究竟更像"老板"还是"领导"的争议，对于穿西装是否"权力"更大这一概念，分别看来，两种文化下是一致的。大多数中国人认为穿西装的人比穿休闲装的人更像领导而不是老板：对于男性着西装图片，67%的参与者认为更像领导（二项分布检验 $p<0.001$）；只有42%的参与者认为更像老板（二项分布检验 $p>0.05$）。对于女性着西装图片，70%的参与者认为更像领导（二项分布检验 $p<0.001$）；只有47%的参与者认为更像老板（二项分布检验 $p>0.05$）。与之相反，大部分美国人认为穿西装的人比穿休闲装的人更像老板而不是领导：对于男性着西装图片，83%的美国参与者认为更像老板（二项分布检验 $p<0.001$）；只有46%的参与者认为更像领导（二项分布检验 $p>0.05$）。对于女性

着西装图片，90% 的参与者认为更像老板（二项分布检验 p<0.001）；只有 24% 的参与者认为更像领导（二项分布检验 p<0.001）。但无论是领导还是老板，都代表着更偏向于权力大的一方。因此，从群体水平上来说，操作性检验证实先验假设是成立的，即穿西装的人物就是比穿休闲装的人物显得权力更大。

虽然对于人物图片，操作性检验的概率统计结果显示，两种文化下的参与者具有将穿西装的人感知为拥有更大的权力（SL）的群体认知趋势，但为了保证计算结果能够反映基于每个个体的先验知觉的结果，同时也根据每名参与者在两个具体问题上的回答定义了每名参与者特定的权力图片，即根据四个 binary 的结果变量 M_SUITE_BOSS，M_SUITE_LEADER，F_SUITE_BOSS，F_SUITE_LEADER 进行定义。另外，定义参与者把自己认为更像老板的图片误判为更大的频率为 P_T_PL_BOSS（其中 P：Prefix，M/F/D；T：Type：A/E/F），把自己认为更像领导的图片错误判大的频率为 P_T_PL_LEAD，把自己认为同时更像领导和老板的图片错误判大的概率为 P_T_PL_COMB。

权力误判知觉偏好总趋势 1：为了证明最关键的假设，即在不考虑文化背景和图片本身类型的前提下，人们是否对于象征着权力大的图片会产生"更大"的错误判断偏好，对于之前所定义的四个统计量（E error，F error，D error 和 SDT）进行了威尔克森秩和检验（Wilcox signed rank test），比较各个统计量与其期望值的差异。威尔克森秩和检验（Wilcox signed rank test）显示，对于 E error，W_s=7.58，（Observed Median=0.53），p<0.001，即对于所有类型的图片存在实际差异的 trial，都存在将权力图片错误判大的趋势。对于 F error，W_s=8.76，（Observed Median=0.54），p<0.001，即对于所有类型的图片实际大小一致的 trial，也都存在将权力图片错误判大的趋势。对于 D error，W_s=7.85，（Observed Median=0.04），p<0.001，即对于所有类型的图片存在实际差异的 trial，将权力图片判断为更大的错误率要显著高于将非权力图片判断为更大的错误率。对于 SDT，W_s=5.78，（Observed Median=0），p<0.01，即对于所有类型的图片存在实际差异的 trial，将权力图片判断为更大的错误率的分布要显著高于将非权力图片判断为更大的错误率的分布。

权力误判人物知觉偏好结果 1：在不考虑文化背景的前提下，分析对于人物图片，人们是否会对象征着权力大的人物图片产生"更高"的错误判断偏好，对于之前所定义的四个统计量（E error，F error，D error 和 SDT）进行威尔克森秩和检验（Wilcox signed rank test），比较各个统计量与其期望值的差异。结果显示：对于 E error，W_s=4.32，（Observed Median=0.53），p<0.001，即对于所有类型的人物图片存在实际差异的 trial，都存在将西装人

物错误判高的趋势。对于 F error，W_S=4.70，（Observed Median=0.54），p<0.001，即对于所有类型的人物图片实际大小一致的 trial，也都存在将穿西装人物错误判高的趋势。对于 D error，W_S=4.54，（Observed Median=0.04），p<0.001，即对于所有类型的图片存在实际差异的 trial，将穿西装的人物判断为更高的错误率，要显著高于将穿休闲装的人物判断为更高的错误率。对于 SDT，W_S=3.31，（Observed Median=0），p<0.01，即对于所有类型的人物图片存在实际差异的 trial，将穿西装人物判断为更高的错误率的分布，要显著高于将穿休闲装的人物判断为更高的错误率的分布。

权力误判人物图片知觉多元方差分析结果 1：以图片性别和文化为自变量，E error 为因变量进行完全随机的方差分析。结果显示：文化的主效应边缘显著，$F_{(1, 508)}$=2.95，p=0.087，对于所有类型的人物图片存在实际差异的 trial，中国参与者比美国参与者表现出更大的权力误判偏好；图片性别的主效应边缘显著，$F_{(1, 508)}$=3.11，p=0.078，对于所有类型的人物图片存在实际差异的 trial，人们在男性图片上表现出的权力误判偏好比在女性图片上所表现出的更大；交互作用不显著，$F_{(1, 508)}$=1.86，p>0.05。

以图片性别和文化为自变量，F error 为因变量进行完全随机的方差分析。结果显示：文化的主效应边缘显著，F（1，508）=3.27，p=0.087，对于所有类型的人物图片实际大小一致的 trial，中国参与者比美国参与者表现出更大的权力误判偏好；图片性别的主效应显著，F（1，508）=7.21，p=0.007，对于所有类型的人物图片实际大小一致的 trial，人们在男性图片上表现出的权力误判偏好比在女性图片上所表现出的更大；交互作用不显著，F（1，508）=0.163，p>0.05。

以图片性别和文化为自变量，D error 为因变量进行完全随机的方差分析。结果显示：文化的主效应不显著，F（1，508）=0.776，p=0.397，对于所有类型的人物图片存在实际差异的 trial，中国参与者和美国参与者的将权力人物判断为更高的错误率和将非权力人物图片判断为更高的错误率没有显著性差异；图片性别的主效应不显著，F（1，508）=2.012，p=0.157，对于所有类型的人物图片存在实际差异的 trial，人们对于两种性别的图片的将权力人物判断为更高的错误率和将非权力人物图片判断为更高的错误率没有显著差异；交互作用不显著，F（1，508）=0.148，p=0.700。

以图片性别和文化为自变量，SDT 为因变量进行完全随机的方差分析。结果显示：文化的主效应显著，F（1，508）=5.33，p=0.021，对于所有类型的人物图片存在实际差异的 trial，中国参与者将权力人物判断为更高的错误率的分布显著高于将非权力图片判断为更高的错误率的分布的差异要显著高于美国参与者；图片性别的主效应不显著，$F_{(1, 508)}=0.637$，$p=0.452$，对于所有类型的人物图片存在实际差异的 trial，人们对于两种性别的图片将权力人物判断为更高的错误率的分布与将非权力人物图片判断为更高的错误率的分布没有显著差异；交互作用不显著，$F_{(1, 508)}=0.349$，$p=0.555$。

权力误判知觉偏好总趋势 2：为了证明最关键的假设，即在不考虑文化背景和图片本身类型的前提下，人们是否对于象征着权力大的图片会产生"更大"的错误判断偏好，分别依据两个操作性检验的问题，以定义参与者自己认为更像老板的图片误判为更大的频率为基础，对于之前所定义的四个统计量（E error、F error、D error 和 SDT）进行威尔克森秩和检验（Wilcox signed rank test），比较各个统计量与其期望值的差异。威尔克森秩和检验（Wilcox signed rank test）显示：

如果根据操作性检验问题"以下两位，谁会是老板（boss）？"来重新对每个参与者的回答进行计分，对于 E error，$W_s=4.50$，（Observed Median=0.53），$p<0.001$，即对于所有类型的图片存在实际差异的 trial，都存在将权力图片（参与者认为更像老板的人物和"校长办公室"的门牌）错误判大的趋势。对于 F error，$W_s=5.65$，（Observed Median=0.54），$p<0.001$，即对于所有类型的图片实际大小一致的 trial，也都存在将权力图片（参与者

认为更像老板的人物和"校长办公室"的门牌）错误判大的趋势。对于 D error，W_S=7.18，（Observed Median=0.09），p<0.001，即对于所有类型的图片存在实际差异的 trial，将权力图片（参与者认为更像老板的人物和"校长办公室"的门牌）判断为更大的错误率要显著高于将非权力图片判断为更大的错误率。对于 SDT，W_S=5.48，（Observed Median=0.19），p<0.001，即对于所有类型的图片存在实际差异的 trial，将权力图片（参与者认为更像老板的人物和"校长办公室"的门牌）判断为更大的错误率的分布要显著高于将非权力图片判断为更大的错误率的分布。

对于第二个操作性检验问题"以下两位，谁会是领导（leader）？"来重新对每个参与者的回答进行计分，对于 E error，W_S=7.58，（Observed Median=0.53），p<0.001，即对于所有类型的图片存在实际差异的 trial，都存在将权力图片（参与者认为更像领导的人物和"校长办公室"的门牌）错误判大的趋势。对于 F error，W_S=8.76，（Observed Median=0.54），p<0.001，即对于所有类型的图片实际大小一致的 trial，也都存在将权力图片（参与者认为更像领导的人物和"校长办公室"的门牌）错误判大的趋势。对于 D error，W_S=7.18，（Observed Median=0.09），p<0.001，即对于所有类型的图片存在实际差异的 trial，将权力图片（参与者认为更像领导的人物和"校长办公室"的门牌）判断为更大的错误率要

显著高于将非权力图片判断为更大的错误率。对于 SDT，$W_s=5.48$，（Observed Median=0.19），$p<0.001$，即对于所有类型的图片存在实际差异的 trial，将权力图片（参与者认为更像领导的人物和"校长办公室"的门牌）判断为更大的错误率的分布要显著高于将非权力图片判断为更大的错误率的分布。

权力误判人物知觉偏好结果 2：在不考虑文化背景的前提下，分析对于人物图片，人们是否会对象征着权力大的人物图片产生"更高"的错误判断偏好，对于之前所定义的四个统计量（E error，F error，D error 和 SDT）进行威尔克森秩和检验（Wilcox signed rank test），比较各个统计量与其期望值的差异，结果显示：

如果根据操作性检验问题（1）"以下两位，谁会是老板（boss）？"来重新对每个参与者的回答进行计分[①]，对于 E error，$W_s=0.40$，（Observed Median=0.50），$p>0.05$，即对于所有类型的图片存在实际差异的 trial，没观测到将权力人物（参与者认为更像老板的人物图片）错误判大的趋势。对于 F error，$W_s=0.85$，（Observed Median=0.50），$p>0.05$，即对于所有类型的图片实际大小一致的 trial，也没观察到将权力人物（参与者认为更像老板的人物图片）错误判大的趋势。对于 D error，

---

① 只有 E error 这一部分数据 K–S 检验结果呈正态分布，但非参数检验全部不显著。

W_s=0.98，（Observed Median=0），p>0.05，即对于所有类型的图片存在实际差异的 trial，将权力图片（参与者认为更像老板的人物图片）判断为更大的错误率与将非权力图片判断为更大的错误率没有显著性差异。对于 SDT，W_s=0.39，（Observed Median=0），p>0.05，即对于所有类型的图片存在实际差异的 trial，将权力图片（参与者认为更像老板的人物图片）判断为更大的错误率的分布与将非权力图片判断为更大的错误率的分布没有显著性差异。

对于操作性检验问题（2）"以下两位，谁会是领导（leader）？"来重新对每个参与者的回答进行计分，对于 E error，W_s=7.58，（Observed Median=0.53），p<0.001，即对于所有类型的图片存在实际差异的 trial，都存在将权力图片（参与者认为更像领导的人物和"校长办公室"的门牌）错误判大的趋势。对于 F error，W_s=3.01，（Observed Median=0.54），p<0.01，即对于所有类型的图片实际大小一致的 trial，也都存在将权力图片（参与者认为更像领导的人物图片）错误判大的趋势。对于 D error，W_s=3.39，（Observed Median=0.50），p<0.01，即对于所有类型的图片存在实际差异的 trial，将权力图片（参与者认为更像领导的人物图片）判断为更大的错误率要显著高于将非权力图片判断为更大的错误率。对于 SDT，W_s=2.91，（Observed Median=0.10），p<0.001，即对于所有类型的图片存在实际差异的 trial，将权力图片（参与者认为更像

领导的人物图片）判断为更大的错误率的分布要显著高于将非权力图片判断为更大的错误率的分布。

权力误判人物图片知觉多元方差分析结果 2： 如果根据操作性检验问题（1）"以下两位，谁会是老板（boss）？"来重新对每个参与者的回答进行计分，以图片性别和文化为自变量，分别以之前自定义的四种统计量为因变量，进行完全随机方差分析（ANOVA）的结果如下。

以 E error 为因变量的方差分析结果显示：文化的主效应边缘显著，$F(1, 508)=2.95$，$p=0.087$，对于所有类型的人物图片存在实际差异的 trial，中国参与者比美国参与者表现出更大的权力误判偏好；图片性别的主效应边缘显著，$F(1, 508)=3.11$，$p=0.078$，对于所有类型的人物图片存在实际差异的 trial，人们在男性图片上表现出的权力误判偏好比在女性图片上所表现出的更大；交互作用不显著，$F(1, 508)=1.86$，$p>0.05$。

以 F error 为因变量的方差分析结果显示：文化的主效应边缘显著，$F(1, 508)=3.27$，$p=0.087$，对于所有类型的人物图片实际大小一致的 trial，中国参与者比美国参与者表现出更大的权力误判偏好；图片性别的主效应显著，$F(1, 508)=7.21$，$p=0.007$，对于所有类型的人物图片实际大小一致的 trial，人们在男性图片上表现出的权力误判偏好比在女性图片上所表现出的更大；交互作用不显著，$F(1, 508)=0.163$，$p>0.05$。

以 D error 为因变量的方差分析结果显示：文化的主效应不显著，$F_{(1, 508)}=0.776$，$p=0.397$，对于所有类型的人物图片存在实际差异的 trial，中国参与者和美国参与者将权力人物判断为更高的错误率和将非权力人物图片判断为更高的错误率没有显著性差异；图片性别的主效应不显著，$F_{(1, 508)}=2.012$，$p=0.157$，对于所有类型的人物图片存在实际差异的 trial，人们对于两种性别的图片将权力人物判断为更高的错误率和将非权力人物图片判断为更高的错误率没有显著差异；交互作用不显著，$F_{(1, 508)}=0.148$，$p=0.700$。

以 SDT 为因变量的方差分析结果显示：文化的主效应显著，$F_{(1, 508)}=5.33$，$p=0.021$，对于所有类型的人物图片存在实际差异的 trial，中国参与者将权力人物判断为更高的错误率的分布显著高于将非权力图片判断为更高的错误率的分布的差异要显著高于美国参与者；图片性别的主效应不显著，$F_{(1, 508)}=0.637$，$p=0.452$，对于所有类型的人物图片存在实际差异的 trial，人们对于两种性别的图片将权力人物判断为更高的错误率的分布与将非权力人物图片判断为更高的错误率的分布没有显著差异；交互作用不显著，$F_{(1, 508)}=0.349$，$p=0.555$。

3.5.6　研究小结

本研究从心理物理学的角度考察权力的隐喻特征带给人们知觉上的改变。正如书本重要性的增加会影响参与者对书本重量的估计（Schneider，et al.，2011）。不同人物着装所代表的权力大小的差异也会影响人们对人物的高度知觉。另一方面，信号检测理论在数据分析方面的引入还提供了这种反映在高度知觉上的权力效应的阈限。最后，不论是在权力这一社会线索影响下的高度知觉，还是这种知觉所反映的权力效应，都存在由前三个研究所验证的文化差异。与美国参与者相比，中国参与者对于权力的实验操控更敏感，在权力线索影响下所表现出的知觉偏好更多，反映在错误率上的权力后效更大。

本研究所使用的材料是具象的人物图片，反映了在直观的具体形象上，内隐权力理论的文化差异所带来的知觉后效，而仅有品种单一的研究材料对这种后效存在的范围和稳定性的支持是有限的。因此，研究 5 采用更加抽象的研究材料，即写有象征权力大小的门牌材料，来重复本实验，以便从更加抽象的层面证明内隐权力理论的文化差异所造成的知觉后效存在的稳定性和真实性。

3.6 研究 5：权力与非权力抽象图片的大小知觉

3.6.1 研究概述

研究 4 采用具象的人物图片作为实验材料，考察内隐权力理论的文化差异所带来的知觉后效，发现了内隐权力理论在知觉上的文化差异。为了探测这一差异的稳定性，研究 5 通过写有不同权力意义大小的门牌来探测具有隐喻性质的物理刺激对于人们的物理判断的影响。

研究表明，当目标人物所拥有的权力大小与摆在他们面前的标牌字体大小不一致的时候，参与者对权力判断的准确性和速度都会下降（Schubert，Waldzus，Giessner，2009）。因此，我们希望探究在 3.5 所使用的直观性的人物图片之外，对于"门牌"这种同样含有"权力"这一社会隐喻，但是更为抽象的图片，是否有感知为更高的错误判断偏好，并检验这种偏好是否具有文化差异。

3.6.2　研究假设

（1）在对权力大的门牌和权力小的门牌进行大小判断的时候，人们普遍具有将权力大的门牌图片错误感知为更大的判断偏好。

（2）而中国参与者比美国参与者对于权力门牌图片的误判偏好更为显著。

3.6.3　研究程序

参与者：同 3.5.3 。

研究材料：实验材料库中门牌图片是两张颜色、花纹、形状完全一样的门牌，只是一张代表权力大的门牌（写着"校长办公室"或者"Manager's Room"），另一张代表权力小的门牌（写着"清洁工具间"或者"Janitors' Room"），两张门牌的水平轴处于屏幕中线上（见附录F）；最小门牌图片像素是 322×161，最大门牌图片像素是 410×205，采用 Image Magicpackage 的"转换"功能为每种图片实现等差十三级单位的大小差异。

3.6.4 研究结果

权力门牌误判知觉偏好总趋势：为了证明最关键的假设，即在不考虑文化背景的前提下，人们是否对于象征着权力大的门牌图片会产生"更大"的错误判断偏好，对于之前所定义的四个统计量（E error，F error，D error 和 SDT）进行了威尔克森秩和检验（Wilcox signed rank test），比较各个统计量与其期望值的差异，结果如表 3-7 所示。

威尔克森秩和检验（Wilcox signed rank test）显示，对于 E error，W_s=6.68，（Observed Median=0.62），p<0.001，即对于所有存在实际差异的门牌图片，都存在将权力大的门牌图片错误判大的趋势。对于 F error，W_s=8.48，（Observed Median=0.58），p<0.001，即对于所有实际大小一致的门牌图片，也都存在将权力大的门牌图片错误判大的趋势。对于 D error，W_s=7.18，（Observed Median=0.09），p<0.001，即对于所有存在实际差异的门牌图片，将权力大的门牌图片判断为更大的错误率要显著高于将权力小的门牌图片判断为更大的错误率。对于 SDT，W_s=5.47，（Observed Median=0），p<0.01，即对于所有大小存在实际差异的门牌图片，将权力门牌图片判断为更大的错误率的分布要显著高于将非权力门牌图片判断为更大的错误率的分布。

表 3-7　门牌图片各实验条件下权力知觉误判统计量得分
（括号内为标准差）

culture	figure type	E error	F error	D error	SDT
Americans	male figure	0.54（0.20）	0.53（0.25）	0.06（0.36）	0.04（1.44）
	female figure	0.50（0.21）	0.52（0.24）	0.04（0.36）	-0.12（1.60）
Chinese	male figure	0.57（0.15）	0.60（0.24）	0.10（0.26）	0.24（1.16）
	female figure	0.52（0.14）	0.53（0.25）	0.05（0.26）	0.22（1.01）

权力误判门牌图片知觉多元方差分析结果：以文化为分组变量，E error 为因变量进行独立样本 t 检验。结果显示，对于所有类型的门牌图片存在实际差异的 trial，美国参与者（M=0.71，SD=0.23）比中国参与者（M=0.54，SD=0.26）将权力大的门牌图片错误判大的偏好更为显著，t（1，254）=5.60，p<0.001。

以文化为分组变量，F error 为因变量进行独立样本 t 检验。结果显示，对于所有类型的门牌图片实际大小一致的 trial，美国参与者（M=0.65，SD=0.19）比中国参与者（M=0.54，SD=0.13）将权力大的门牌图片错误判大的偏好更为显著，t（1，254）=5.72，p<0.001。

以文化为分组变量，D error 为因变量进行独立样本 t 检验。结果显示，对于所有类型的门牌图片存在实际差异的 trial，美国参与者（M=0.21，SD=0.35）比中国参与者（M=0.05，SD=0.22）对于将权力大的门牌判断为更大的错误率和将权力小的门牌判断为更大的错误率之差更大，t（1，254）=5.60，p<0.001。

以文化为分组变量，SDT 为因变量进行独立样本 t 检验。结果显示，对于所有类型的门牌图片存在实际差异的 trial，美国参与者（M=0.33，SD=0.76）比中国参与者（M=0.05，SD=0.35）将权力大的门牌判断为更大的错误率的分布与将权力小的门牌判断为更大的错误率的分布之间的差异更大，t（1，254）=3.84，p<0.001。

3.6.5　研究小结

本研究进一步考察带有权力这一心理学上的隐喻特征的抽象门牌图片对于人们物理知觉上的影响。与研究 4 中具象性的人物图片不同，抽象门牌图片没有人物的身体特征，也没有性别划分，但是我们依然发现了由内隐权力理论所带来的心理后效。在错误率上，两种文化下的参与者对于隐含更大权力的门牌"校长办公室"都显示出更高的"错误判大"的知觉倾向。

由于图片材料的边缘原因，本研究所发现的文化差异与前一个研究的方向并不一致，但研究 4 和研究 5 都是从感知角度来探查内隐权力理论的后效和感知差异，感知上的后效不足以完全说明内隐权力理论的强大效应。所以，需要进一步的研究来探测不同文化下的人们所持有内隐权力理论所带来的行为上的改变。

3.7 研究6：权力与非权力主体所有物价值估计

3.7.1 研究概述

在前五个研究中，我们发现了情感和认知方面，内隐权力理论的存在和文化差异现象，我们很希望知道，除了"知"和"情"之外，权力的内隐理论是否在行为上也有表现，这种表现是否也会受到文化的影响？因此，研究6主要关注内隐权力理论的文化差异的价值评估问题。

文化所带来的对于权力的心理经验，不仅会影响人们对于物理环境的知觉，还会深入到更加抽象的层面，例如，在经济领域，对于物品价值的知觉差异。权力的心理经验不仅会影响到生理经验，同样很可能影响到人们的经济判断和决策。

从隐喻视角（metaphorical perspective）来看，权力与高社会地位相关，而个子高的人容易被判断为拥有更高的社会地位，因此个子高的人薪水更高。（Frieze，Olson，Good，1990）

自 Kahneman 和 Tversky（1984）揭示心理对于人们的经济判断会产生影响之后，行为经济学领域的兴起激起了经典经济学理论的分化。其中，前景理论的提出，或者更加概括地说，行为经济学的建立，解释了为什么人们会系统性地偏离理性经济模型（Kahneman & Tversky，1984）。例如，对于同等数量的财物，在损失情景下要比对于获得情景重要得多（Tversky & Kahneman，1981）。对此的解释是，损失情景的放大心理效应比获得情景要强得多，因为损失让人们觉得效应更强有力，更容易发生，对未来的影响也更大。（Langevoort，1996）

但是，行为经济学领域的很多理论和发现并没有在跨文化的设置下被检验。尽管当前行为经济学和经济全球化强调东亚视角，但是经济学家和心理学家们仅仅是刚刚开始探索对于文化的聚焦是如何以一种系统性的、可预测的方式来影响东亚和北美人的不同经济行为的。几年前，Levinson 和 Peng 质疑商业规则的某些基本方面，认为西方模式下的经济行为可能并不适合对于多样化的经济行为的理解（Levinson & Peng，2006）。首先，他们将具体的文化心理学原则运用到法律调查方面，并分析文化是如何影响因果推断和可预见性的法律应用中的决策判断的。同时他们也分析了对于道德立场的分析是如何影响中国人和美国人对于物品价值的不同估计的，并论证了文化与经济竞争的理论。

在文化差异中，权力的阶层性、对权力的感知和权力的差异是引起很多文化心理学家关注的一个重要的有关人类文化差异的维度。Hofstede 发现，老板和下属之间寻求平衡的权力的距离或者不平等在很大程度上是由国家的文化决定的（Hofstede，1980，1996）。这种权力距离如今已经成为研究者们在进行跨文化对比时，常常用来区分世界上不同国家的研究中进行分类的重要方式，尤其是有关个体主义—集体主义的跨文化研究领域中 Triandis（1994）。首先提出将"垂直的集体主义"与有关权力的文化研究联结起来，他的工作主要集中在个体主义和集体主义领域。与仅仅将集体主义视为个体主义的对立面相反，他认为集体主义实际上应该从两个维度来理解。垂直的集体主义强调权威和阶级，而中国文化看上去比北美社会更加赞同这一点。在最近的一篇有关文化差异和权力知觉的研究中，对于中国人和美国人，权力符号都能触发权力或者阶层图示的激活，但是对于中国人的触发要比美国人更加容易。（Yang，et al.，2012）

以前的研究发现，人们对于权力的知觉与对于一些社会特质的知觉（例如，吸引力、身高、人格特质）相关，但是，这些研究多数来自西方样本的报告，而且鲜见对于权力的知觉和金钱价值判断之间的研究。鉴于权力概念的文化差异，很容易想到这样一个问题：权力的效应是否能够延伸到金钱价值判断领域？近年来，有关有权力和没权力的人对于权力的感知和他们对于生理特征的感知之间相互关系的研究呈几何级数增长，例如有关人们权力感知和高度感知之间关系的发现。研究者发现如果让参与者试图够到更高的高度（Judge & Cable，2004），这种改变不仅会影响人们对于自己相对于其他人的权力水平的判断（Schubert，2005），还会影响他们对待别人的方式，包括更加行动化的取向（Anderson & Galinsky，2006），不按顺序发言（Brown & Levinson，1987）以及物化他人（Galinsky, et al.，2008）。然而，有关权力的知觉和金钱价值判断的实验研究却比较罕见。

为了验证权力是否会影响人们的金钱价值判断，本研究采用不同文化下的人们对于物品的价格判断的调查，并可以同时评估这一认识理解：权力是如何影响不同文化下参与者的经济决策的。因此，本研究采用 2（文化：中国VS 美国）×2（主人公地位：权力大 VS 权力小）×2（故事框架：捡到 VS 丢失）的三因素组间设计。

3.7.2 研究假设

（1）当物品的拥有者权力更大的时候，人们倾向于对其做出"价值更大"的判断。

（2）当同一种物品分属于权力更大的人和权力更小的人时，中国参与者给出的价值增长率比美国参与者更大。

3.7.3 研究程序

参与者： 共有182名来自美国和中国的大学被试库的参与者参加了本次研究。中国参与者的平均年龄是19.84岁（SD=1.08），n=81，47名男生，34名女生；美国参与者的平均年龄是20.25岁（SD=1.22），n=101，53名男生，48名女生。

研究材料： 参与者被要求阅读一系列的短故事并回答问题。研究材料为四种类型的故事，改编自Levinson和Peng（2006）关于道德的研究。

故事的一开始就指出了主人公的职业，以此来操作主人公的社会地位，为本研究的主要自变量，然后故事会讲到主人公捡到（或者丢失）了一件东西。故事给出了这件东西在1985年的价值，参与者所要回答的主要问题是：这件东西在今天（2012年）价值多少钱？另外，参与者还需要在七点量表上回答另外两个问题：（1）捡到东西的人将该物品作为礼物送给朋友是否合适？（2）捡到东西的人将该物品卖掉是否合适？

对于每一种故事框架（捡到 VS 丢失），都有四种不同的物品（戒指、古董椅、债券、纪念币）对应不同的主人公职业（经理 VS 雇员；政府官员 VS 店员；教授 VS 学生；慈善主席 VS 乞丐），如附录 H。

初试材料用英文编写，概念的使用同时考虑到了翻译成中文时的文化背景问题。1985 年的金融锚定值考虑到美国货币（美元）和中国货币（人民币）之间 1:10 的汇率差异。材料由双语实验助手翻译成中文，并由另外的双语实验助手回译成英文，并在研究团队中进行讨论和修订。

实验程序： 对于价钱判断，参与者所接受到的指导语为："请给出你对这枚戒指现在的最准确估价。请给出一个具体的数值，而不要给出一个范围。"中国参与者要求给出以人民币为单位的价钱，美国参与者要求给出以美元为单位的价钱。

3.7.4　研究结果

因变量转换： 为了使得中、美之间的结果可以横向比较，本研究首先将物品的价格按照 1985 年（实验材料给出的参考值年份）和 2012 年（数据收集年份）的 CPI[①] 进行调整，并锚定 1985 年的转换值根据最终价值的年金公式（Final Value of the Annuity formula）计算复利终值 r：

$$r = \left(\frac{s / CPI_{2010}}{p / CPI_{1986}} \right)^{\frac{1}{2012 - 1985}} - 1$$

其中：s 代表参与者给出的 2012 年该物品的估计价格，p 是材料给出的该物品 1985 年的估计价格，据此可以得到能够进行跨文化比较的复利终值 r。

"捡到"框架下的结果：对于每一种条件下四种物品的平均复利终值 r，都采用 2×2 的方差分析（ANOVA）来考察文化（中国 VS 美国）和主人公的权力（权力大 VS 权力小）的主效应和交互作用。

在"捡到"框架下，文化的主效应显著，$F_{(1, 87)} = 20.33$，$p < 0.001$；文化 × 权力的交互作用显著，$F_{(1, 87)} = 5.48$，$p < 0.05$。但是权力的主效应不显著，$F_{(1, 87)} = 0.99$，$p > 0.05$。

采用 Aiken 和 West（1991）的分层线性回归来验证研究假设：中国参与者比美国参与者更倾向于认为，当物品的拥有者掌握更多权力时，其价值也更大。为此，需要进行三层线性回归，在第一层，用 r 向年龄，$\beta = -0.21$，$p > 0.05$ 和性别 $\beta = 0.06$，$p > 0.05$ 进行回归。在第二层，加入了预测

---

① 美国和中国的消费物价指数都来自世界银行（The World Bank）所提供的数据。http://api.worldbank.org/datafiles/FP.CPI.TOTL_Indicator_MetaData_en_EXCEL.xls.

变量"权力"β=0.02，p>0.05 和"文化"β=0.38，p>0.01。在最后一层，放入了文化 × 权力的交互项，β=1.24，p<0.05。结果显示与 ANOVA 一致的结果，权力的主效应不显著，文化的主效应和二者的交互作用显著。

为了进一步考察交互作用的性质，采用 Preacher，Curran，Bauer（2006）的方法进行分析。选择"权力"变量均值的上下各一个标准差，并让这些值进入方程而产生两条简单回归曲线。另外，采用 Aiken 和 West（1991）所推荐的方法来解释这一交互作用。如图 3-6 所示，中国文化和 r 之间的正相关比美国文化和 r 之间的相关在权力增加时变得更为明显。此外，也检验了权力和 r 之间的简单斜率（simple slope），与预期一致，对于美国参与者，权力和 r 之间的相关不显著（simple slope b=0.02，t=0.77，p>0.05）；对于中国参与者，权力和 r 之间的正相关显著（simple slope b=0.09，t=3.07，p<0.01）。

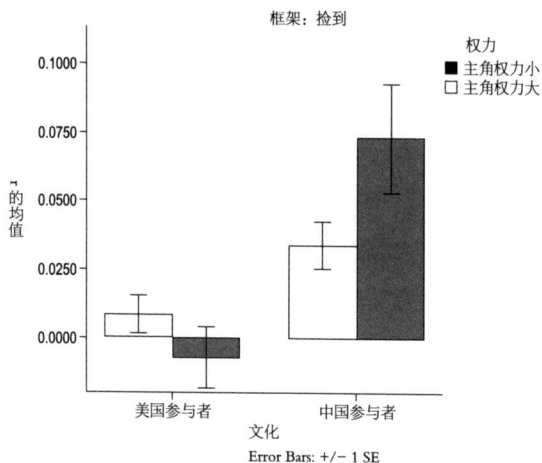

图 3-6 "捡到"框架下的价值评估

"丢失"框架下的结果：我们也在"丢失"框架下进行了类似的多元方差分析。但是只发现了文化的主效应，即中国参与者给出的总的估计值更高，$F(1, 87) = 10.78$，$p < 0.01$；而权力的主效应不显著，$F(1, 87) = 0.68$，$p > 0.05$；权力和文化的交互作用也不显著，$F(1, 87) = 0.19$，$p > 0.05$，如图 3-7 所示。

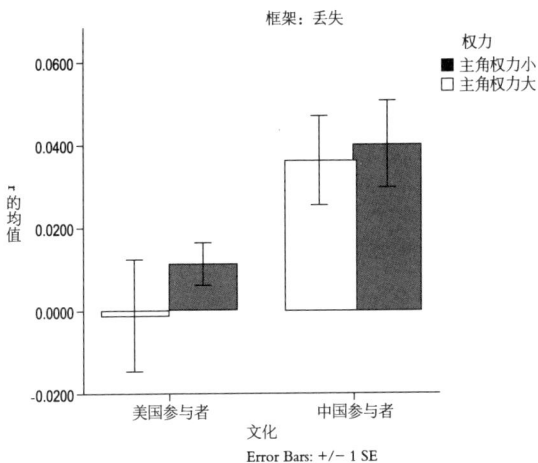

图 3-7　"丢失"框架下的价值增长评估

　　对物品的处理结果：我们以"文化"和"权力"作为自变量，对"（1）捡到东西的人将该物品作为礼物送给朋友是否合适？（2）捡到东西的人将该物品卖掉是否合适？"这两个问题进行了两次多元方差分析（MANOVA）来分别考察不同框架下的结果。同样只发现了文化的主效应：美国人比中国人更倾向于认为将物品送给朋友是合适的，$F_{(1, 86)} = 5.78$，$p < 0.05$（"捡到"框架），$F_{(1, 86)} = 5.78$，$p < 0.05$（"丢失框架"）；同样地，美国人比中国人更倾向于认为将物品卖掉是合适的，$F_{(1, 86)} = 3.95$，$p < 0.05$（"捡到"框架），$F_{(1, 86)} = 12.30$，$p < 0.01$（"丢失框架"）。而"权力"的主效应和二者的交互作用都不显著。

3.7.5 研究小结

本研究证明了不同文化下，持有不同内隐权力理论的参与者在经济决策价值估计方面的差异。对于研究所给定的戒指、古董、债券、纪念币等具有增值特性的物品，当它们被权力地位不同的人所拥有时，不同文化下的参与者对它们所给出的价值估计是不一样的。从 1985 年到 2012 年的增长率反映，在"捡到"框架下，中国参与者对所属权力大的物品做评估时，增长率更高，而美国参与者给出的价值估计的增长率则不受所属者权力大小的影响，从均数上甚至发现了负增长。这说明，内隐权力理论不仅在情感和感知方面具有文化差异，在行为上也具有文化差异。

第 4 章

结论和总讨论

4.1 研究成果总结

秉承文化心理学的研究脉络，本研究从情感、认知和行为三个方面探讨了内隐权力理论在中国和美国两种文化下的差异。采用语料库分析、内隐联想测验、量表测验、图片迫选实验等计算机科学分析、心理学实验和心理学调查等研究方法直接对"权力"这一概念进行 top-down 的心理过程探查，发现中国人比美国人的内隐权力情感更加积极、内隐权力认知更加敏感，而在内隐权力理论影响下的行为更符合中国文化的特点，由权力所启动的认知后效更大，在经济决策方面，在受权力线索影响的情境下会进行更高的价值评估。本研究的结果与文化心理学的脉络相一致，对内隐理论的研究体系也是一种补充和完善。而本研究提出"内隐权力理论的跨文化模型"（图 4-1），这个模型显示，内隐权力模型有情感、认知和行为三个维度。

在这三个维度中，本研究的各种研究范式极大地丰富了内隐理论的跨文化研究范畴，从方法和理论上对内隐理论的文化研究做出了贡献。

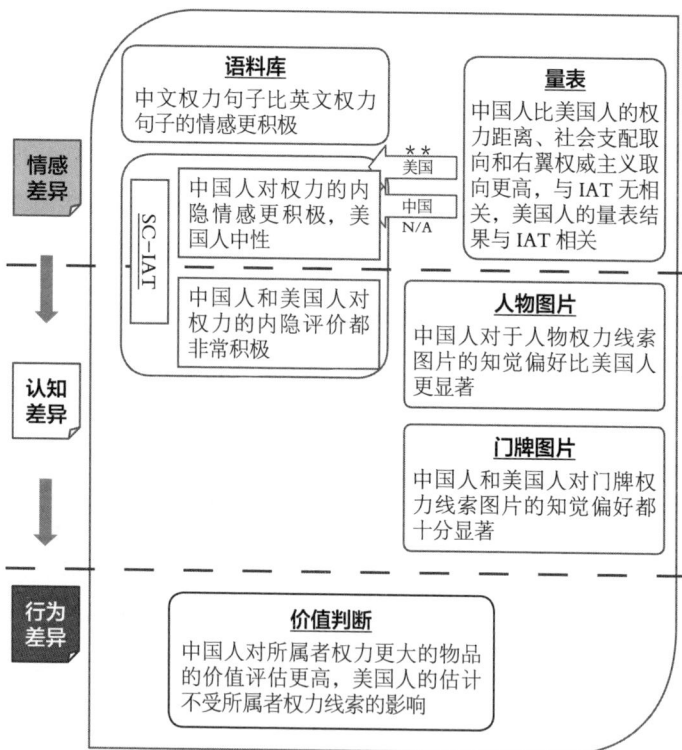

情感差异

语料库
中文权力句子比英文权力句子的情感更积极

量表
中国人比美国人的权力距离、社会支配取向和右翼权威主义取向更高，与 IAT 无相关，美国人的量表结果与 IAT 相关

SC-IAT
中国人对权力的内隐情感更积极，美国人中性

**美国 ★★
中国 N/A**

中国人和美国人对权力的内隐评价都非常积极

人物图片
中国人对于人物权力线索图片的知觉偏好比美国人更显著

认知差异

门牌图片
中国人和美国人对门牌权力线索图片的知觉偏好都十分显著

行为差异

价值判断
中国人对所属者权力更大的物品的价值评估更高，美国人的估计不受所属者权力线索的影响

图 4-1 内隐权力理论的跨文化模型

4.1.1　内隐权力理论的总体文化差异

　　近年来，文化心理学的研究在国内得到倡导并走上正轨。乐国安（2008）曾撰文支持 Shweder（1990）的看法，提倡文化心理学研究的两阶段理论，在第一阶段需要发现各种心理学现象的文化差异，并进行预测和加以修正；在第二阶段则要对第一阶段所发现的理论进行解释，并探讨这些文化差异内在的活动和机制。

　　在文化心理学研究中，Nisbett 和 Peng 早在 1999 年就开始用朴素认识论来概括中国人的思维方式，并认为这种认识论上的差异从根本上决定着不同国家和地区人们的思维方式，文化差异只是其表现形式。思维方式与价值紧密相连，权力作为社会科学的基本概念，和目前社会心理学领域的研究热点密切相关（Cho & Fast，2011；N.J.Fast，et al.，2012；Fragale，Overbeck，Neale，2011；Kraus，Chen，Keltner，2011；Lammers & Stapel，2009；Sligte，et al.，2011），其中，内隐理论的文化差异是一个重要且值得研究的问题。

　　在内隐人格理论的跨文化比较研究中，发现虽然渐变论和实体论两种内隐人格理论在西方和东亚两种文化中都存在，但均数差异显示，在东亚人身上，渐变论表现更多，东亚人在对人类的行为进行归因时，更重视情境因素对行为的影响，而对行为者自身的因素考虑得相对较少。

相反，在西方参与者身上，实体论表现得更强，他们更喜欢做特质归因，容易忽视情境因素而犯基本归因错误。（Chiu，Hong，Dweck，1997）

另外，在内隐领导理论研究中，也有一些文化差异的发现。Gerstner 和 Day（1994）发现，不同国家的人对领导的内隐认识不同，甚至同一个国家，如果民族不同，大家的内隐领导理论认识也不尽相同。所以，文化对内隐理论的形成起着至关重要的作用，对于权力有关的内隐理论的影响尤其重要。另外，对比凌文轻、方俐洛、艾尔卡（1991）对中国人和美国人内隐领导理论从文本内容方面的比较研究，除开两种文化下参与者在因素数目上的不同外，内容含义上的差异更加引人注目：在情感极性上，中国人的内隐领导理论的维度都是正向的，而美国参与者内隐领导理论的因素正向和负向都包括。在美国的结果中，构成"专制"因素的那些特质包括操纵、武断、自私、欺诈、盛气凌人、权力欲望或令人反感等。

这些有关"人格""领导"等心理概念的研究，对于采用内隐理论针对心理学领域内的关键变量进行文化差异研究提供了启示。本文可以算是内隐理论的文化差异研究的一个新的领域，由于权力、权力感不仅具有学术价值，还有实践价值。因此，将权力、权力感引入内隐理论的研究是一种理论突破。

4.1.2 内隐权力理论文化差异的情感维度

文化人类学家早就提出，来自不同文化下的人们对情绪的体验、表达和理解存在巨大的差异（Henry，1955）。本研究通过以千万级为单位的语料库的研究，发现不同文化下的人们对权力有不同的情感反应，中文权力语句的情感极性显著偏向积极；而英文权力语句的情感极性是中性的。这就直观地显示了内隐权力理论在情感维度上的文化差异。有意义的是，权力的情感文化差异在中西方文化中都有一些经验性的总结和表达。比如，中国儒家称"为政以德，譬如北辰，居其所而众星共之"。（1）说明权力是与积极的情感反应相融合的。而 Ng（1980）发现，从情感上来讲，在英语中"追名逐利"这一描述甚至比"冷酷"更为消极。Fiske 和 Depret（1993）称权力"在我们的文化用典中是脏话"。（2）研究 1 却从科学和量化的结论方面为这些对于文化差异的描述提供了客观证据。

前人的研究在内隐人格理论跨文化比较上所得出的证据表明，中国人比美国人更强调人际关系的作用。例如，Cheung 等人（2001）的本土化中国人格评估问卷的研究结果显示，虽然中国人有四个人格因素与西方大五人格理论类似，但中国人持有一个特有的"中国传统性"（Chinese Tradition）因素，表达了中国人对维持人际关系和内心和谐的重视。在中国人的权力关系中，对于权力的正面情感反应有可能是源自中国人对维持和谐人际关系的需求。所以，我们对不平等的权力关系有着更多的宽容和体谅，而西方人对人际关系的强调不如东方文化下的人们，因此，不需要容忍不平等的人际关系。

本研究通过 IAT 的内隐测量（研究 2），补充了以前单纯依靠外显测量报告所产生的问题。结果发现，虽然当权力和积极的评价性形容词联系在一起的时候，两种文化下参与者的反应时都显著地快于权力和消极形容词联系在一起时的情况，但是中国人在两种情况下所表现出的差异仍然大于美国人。另外，当中国参与者在将权力词与积极的情感性形容词联结在一起的时候，反应显著地快于消极词，可是美国参与者无论是在积极维度上还是在消极维度上都没有显著的倾向性。

权力的情感性反应和评价性反应的分离在 IAT 上形成了分离。这种分离的原因可能是中国人的权力内隐理论更加偏重人际的因素，而西方人则更偏向能力的因素。情感性和评价性两种单维内隐联想测验（SC-IAT）对于两种文化下人们对内隐权力的两种反应的探测结果与我们的假设并不完全一致。一方面，在情感性 SC-IAT 上，发现的结果支持我们的假设，即中国参与者确实在将积极性的情感词与权力词建立联系时，比将消极性的情感词与权力词建立联系时，表现出了更紧密的认知反应；但是在美国参与者身上，没有观测到他们对于两种极性和权力词之间的

联系有统计学上的显著差异。另一方面，在评价性 SC-IAT
上，却没有发现相互对立的结果；中国参与者和美国参与
者对于"权力"和积极性评价词建立的认知联结都更加紧
密，表现出对于"权力"内隐评价的认可。这正好对应第
2 章所提到的"态度"维度积极和消极的对立，以及"关
系"维度社会和个人的对立。

4.1.3　内隐权力理论文化差异的认知表现

权力的内隐认知文化差异表现在外显认知结果、与内
隐联想测验的相关性结果和心理物理学的研究结果等三个
方面。

在本研究中，权力内隐理论的外显认知结果的文化差
异首先反映在量表（研究 3）上。权力的内隐认知处于个
体的权力认知图式的激活时期，属于个体的无意识认知
加工阶段。对于我们每一个人来说，权力、权威、代理
都是日常生活中的概念。所以，量表所测得的与权力类似
的心理变量的文化差异结果与 IAT 的结果一样重要，基
于本研究所引入的"内隐理论"（Implicit Theories）概
念，不仅反映对世界的基本认知，也是一种朴素认识
论（Kruglanski，1989）或者民间的意图理论（Malle &
Knobe，1997）。因此，量表所反映的虽然是外显层面的
结果，但是从广义上讲，它们仍然可以作为内隐权力理论

的补充，从认知方面呈现这一文化差异的存在。

在权力距离上所反映出来的结果表明，中国参与者在组织中对权力的不平等分配的接受程度比美国人更高，这验证了 Hofsted 的理论，并且与之前我们所提出的内隐权力理论跨文化缺陷中，在"制度"上可能会表现出的差异相一致，即中国人对待权力是持"服从"思想的，而美国人对待权力是持"制约"思想的；中国人对待权力小的个体的方式是家长式的、关怀型的，而美国人偏好尽量降低对权力小的他人的控制，他们更倾向于采用授权式的人际模式。

更具宏观视角的社会支配取向理论所反映的结果，可以进行以群体为基础的社会生活态度的推导。我们的研究结果验证了在内隐权力理论跨文化缺陷中所提到的，中美两国文化在"侧重"点上的区别，即在不同的文化下，关于权力的以价值为基础的总的信念是不一样的，中国文化更加注重从思想上认同权力，他们认可社会的不平等的维持和对外群体的支配；而美国文化则强调通过制度来限制权力，他们希望群体间的关系是平等的。

而右翼权威主义在两种文化下的反映更加有趣味。正如在第 1 章所提到的，"右翼"的本义是"保守主义"，但是由于政治历史的差别，在中美两国右翼权威主义所指代的意识形态含义刚好相反。在美国，"右翼"所代表的是广义上的保守主义；而在中国，"右派"则用来称呼支持自由放任资本主义的人。笔者所选择的符合各自文化背景的量表可能并不适合进行统计学意义上的横向比较，但是我们可以看到，两种文化下的参与者都有较高的右翼权威主义取向。在自我报告的量表水平上，不同文化下的参与者做出的回答反映出内隐权力理论的文化差异。

另一方面，在内隐理论在 IAT 上的得分和外显量表的相关分析的结果中，只有美国参与者在量表上的得分显示出与 IAT 得分的显著性相关，中国参与者在量表上并没有表现出任何与 IAT 得分的相关性。美国参与者中，在权力距离和右翼权威主义得分上高的参与者在内隐情感性权力 IAT 上的得分也高，表现出与量表所反映出的意义相一致的倾向；而在右翼权威主义得分上高的参与者在内隐评价性 IAT 上的得分则相对较低，也符合量表本身所代表的意义。这个结果证明了"权力"在不同文化中的形象：在中国，"权力"毫无疑问应该是清廉的；而在美国，"权力"的形象却似乎很混沌和不明朗。美国参与者需要依靠与外显量表相一致的结果来确认他们的内隐态度。

本研究在心理物理学方面的研究（研究 4、研究 5）结果发现，人们往往对于具有权力隐喻特征的对象做出"更大"的评判，内隐权力理论在心理物理学上的文化差异后效具有较为直观的社会心理学意义。权力的指涉归根结底是"关系"的指涉（Keltner，Gruenfeld，Anderson，2003）。当人们想到这种关系时，不可避免地会涉及一个人影响另一个人，或者将一个人跟另一个人进行比较，而这种时候通常会涉及这两个人的位置关系或者说物理关系。对于这种关系的维度和方向，过去的研究时常有争议。例如，这种位置是并列的还是上下排列的（Schubert，2005）？是一个人比另一个人更重要吗？（Jostmann，Lakens，Schubert，2009；Schneider，et al.，2011）

虽然以前有研究者证明了"上与下"的位置物理特性与"权力"的关系，例如，代表高权力的词语若是出现在屏幕上方，而代表低权力的词语出现在屏幕下方，则会降低参与者的反应时（Schubert，2005）；但是他们并没有对这种物理特性的阈限做出估计。而本研究以信号检测论为计算框架进行模拟，计算出这种权力的偏向性所具有的数量上的评判标准（CRITERION）和辨别力（d'）。本研究的结果与其他权力具身认知的结论所验证的方向相一致，以具象衣着和抽象门牌两种载体的物理特征为考察对象证实了这种权力偏向的存在，并且以错误率为主要衡量指标验证了内隐权力理论在心理物理学上所反映出的文化差异。这一结果为权力的具身理论提供了补充，说明不仅物理变量会对心理变量有影响；反过来，带有社会意义的心理变量同样也会影响人们的物理判断。

4.1.4 内隐权力理论文化差异的行为表现

本研究对于内隐权力理论行为结果的考察，主要体现在经济行为决策中的价值估计方面。研究 6 发现，对于权力线索的实验性操作会影响人们的价值估计，而且这种财物价值估计的强度和持续程度取决于进行判断的人们的文化背景。中国参与者对所属权力大的物品做评估时，增长率更高，而美国参与者给出的价值估计的增长率则不受所属者权力大小的影响，从均数上甚至发现了负增长。

经济学的基本假定强调价值，主要由市场变量和市场规则所决定。古典经济学的基本假设坚持认为资本是没有道德的。也就是说，人类的社会判断、社会标准和社会行为在某种意义上来讲，不应该影响到市场规律和市场行为。这就是理性人假设的基本需求。心理学过去二十年对古典经济学思想的最大挑战就是发现人类的心理变量，如欲望、情感、直觉、价值观念，甚至道德观念都对人的经济判断和经济行为有巨大的影响。权力作为一个具有文化意义的心理变量，对经济价值判断的影响一直是社会学、人类学、公共政策、政治学、法律学等领域认为有影响的重要变量，例如权力寻租，说明权力是可以转换为经济价值的；但对权力的简单知觉是不是也足以引起经济价值的改变，一直没有明确的结论。本研究使用了最简单、最微妙、最人工的权力操纵方法——情景故事中虚拟的职业差异也能够产生经济判断的差异，说明对于权力的认识会产生巨大的行为后果。

根据经济学的原则，权力信息与给定物品的货币价值估计是无关的。然而，我们的研究却发现权力线索会影响人们对相同物品的货币价值估计和判断；这种行为上的文化差异现象可以用内隐权力理论来解释。内隐权力理论在某种程度上具有下意识的特性，它是通过行为来揭示的。在很大程度上，参与者自身可能也无法进行自我报告，这就与近三十年来心理学的基本原则相符合。过去的心理学研究太依赖于被试的内省和自我报告，但这种自我报告往往更多地反映社会的期许，甚至是媒体的观念，而并不一定是参与者所接受的、所意识到的和所能反映出来的。虽然中美的文化在权力的公众认识上有差别，但我们的研究发现，这种差别并不是完全整齐划一的，实际上还存在很多微妙的心理意义和微妙的行为差异；这都是用实验的方法研究文化与社会的问题所能够达到的。比如说，虽然人们的权力知觉和货币价值估计之间存在正相关关系，但是这种关系在不同文化下的表现并不一样；参与者对于权力的操作而表现出的不同反应显示，中国人比美国人对于权力的启动更为敏感。在"捡到"框架下，中国参与者对所属权力大的物品做评估时，增长率更高，而美国参与者给出的价值估计的增长率则不受所属者权力大小的影响，从均数上甚至发现了负增长。

4.1.5　文化差异可能的产生原因

本研究证明了内隐权力理论在情感、认知和行为方面的文化差异。这些差异产生的原因可以从以下三个方面去分析。

第一，集体主义和个人主义：Torelli & Shavit（2010，2011）认为，权力概念的文化差异来源于集体主义文化和个体主义文化的差异，正如第 2 章提出权力研究的跨文化缺陷时所指出的，中国文化是集体主义文化（Triandis，1994），强调人际关系，注重权力的"社会"属性，而美国文化是个体主义文化，强调个人能力，注重权力的"个人"属性。

第二，人性论的文化差异：中国和西方文化对于人性的看法十分不同，这也可能成为内隐权力理论文化差异的原因。中国哲学秉持一种"性善论"，相信人性的本来面目是良善的，从而也会扩展到对于权力或者掌握权力的人的非消极基本理论中去，由此产生积极的内隐权力情感；相反，西方宗教和哲学秉持"性恶论"，基督教相信"原罪"，因此扩展到对于权力或者掌握权力的人身上，相应会产生消极的内隐权力情感。

第三，社会结构的文化差异：西方在社会结构方面呈现平行的架构，因此权力是"契约"式的；而政治思想强调"人人生而平等"，因此权力不能超越公平的界限，需要受到制度的约束。与之相反，中国的社会结构是垂直的，因此权力是"家长式"的，中国传统的政治思想强调"三纲五常"，实际上是为不平等的权力关系确立合法的地位。这些哲学、社会学和政治学方面的差异，同样可能成为内隐权力理论文化差异的产生原因。

因此，我们在权力的内隐测验中发现中、美两国的参与者在情感性上发生了分离。这种分离同时验证了第2章所提到的"态度"维度的文化差异，即中国人对于权力的内隐情感判断比美国人更积极。但是，中国毕竟是垂直的集体主义社会，人们同样可以感知到与美国社会这种垂直的个体主义社会相一致的阶层的力量和权力的力量。因此，两种文化下的参与者在评价性上都对权力做出了积极的内隐评价。

这种情感上的文化差异在日常语用方面的表现与两种文化在传统思想和伦理上对待权力的差异有关。在中国，地位等同于宗教的儒家思想对于"权力"所应该具备的"仁慈"性质的强调决定了中国人在思想上和文字使用上对于权力的积极倾向；而权力与生俱来的阶级性和不平等性违背了美国文化中"平等"这一根本伦理价值，同时也决定了"权力"在英文中使用的非积极偏向。

语用方面的形容也反映在认知后效上。在中国文化中，对于权力"大""小"的描述习惯以及美国文化中对于权力"高（high）""低（low）"的衡量方式，决定了内隐权力理论从情感到认知的一致性，与"权力距离"相类似的文化差异结果在心理物理学实验中也得到了验证。在制度上以"服从"权力为主的中国文化造成了中国参与者在认知上对隐含权力意义的图片产生了"更高"的知觉偏误；而在制度上以"制约"权力为主的美国文化带给美国参与者的权力知觉偏误更小。

之前谈到，情感会影响认知（Picard，2003），认知会影响行为，情感和认知的相互作用会影响行为（Clore，Schwarz，Conway，1994），而情感甚至会直接影响行为（Loewenstein，et al.，2001）。因此，内隐权力理论情感和认知方面的差异自然会影响到人们的行为。同样受到积极情感的影响以及认知隐喻中"更高"或者"更显著"文化线索的影响，中国参与者对于有权力者的所属物给出了比美国参与者更高的价值估计。

4.1.6　研究贡献

在理论上，本研究创造性地将内隐理论和权力研究相结合，提出了"内隐权力理论"这一新的心理学概念，以往的内隐理论研究仅集中在"内隐人格理论"（Erdley，Dweck，1993）、"内隐领导理论"（Offermann，Kennedy，Wirtz，1994），"内隐权力理论"的提出不仅充实了内隐理论的研究领域，同时也为权力的心理学研究提供了新的视角。在权力的起源研究、权力的机制研究和权力的后效研究之外，开辟了一个新的研究领域，即从情感态度、内隐认知和朴素认识论出发去探究普通人对"权力"本身最基本的看法和概念。

本研究通过 6 个研究试验中相互支持的证据，对于情、知、行之间关系的进一步验证，发现内隐权力理论在情感上的特征和文化差异与认知上的反映相一致，同时也在行为结果上发现了相似的文化差异现象。这说明，情感可能的确会影响认知，情感和认知的交互作用甚至情感本身也可能会直接对行为产生影响。

内隐理论发现了外显理论所没有发现的新现象和结论。权力外显理论的研究只能得出可以清晰报告的结果，受到理性和外部环境的控制，但是内隐理论的研究在外显部分通过以千万级为单位的语料库的研究，可以挖掘出日常语境中的权力情感差异，代表着最真实的朴素认识论，这是经典的外显量表不能做到的。此外，内隐情感测验更是外显理论所不能探测到的方面。而心理物理学和情景实验也用非常隐蔽的手法掩藏了实验目的，在有特定时间限制的物理判断上，理性的外显报告不能做到对于文化差异的微妙侦测；同样地，在强调理性的经济学情景设置中，所发现的权力线索带来的文化差异结果更是体现了内隐理论强大的实践性力量。

另外，跨文化的视角和文化模型的出现也成为本研究的一大亮点。本研究通过哲学、社会学、政治学领域的权力文献综述，并结合社会心理学领域有关权力的研究结果，从六个方面提出了权力可能存在文化差异的维度，为内隐权力理论的文化模型提供了很好的解释。

在方法学上，本书主要有四个突出贡献。

第一，研究 1 将计算机科学的自然语言处理与心理学研究相结合，采用语料库和情感词典为研究工具，使用了语料库千万级的丰富的资源，并挖掘不同文化下语料库所提供的能够反映人们日常行为的真实证据。

第二，研究 2 设计了两种平行的单维内隐联想测验（SC-IAT），采用相同的目标词、类似的属性词来探讨不同文化下人们对于"权力"的内隐情感态度和内隐评价态度。

内隐理论是一种认知图式的激活过程，这种模型首先强调的是当大脑受到外界信息刺激时，自动加工的过程。但是当任务需要个体仅限系统化和逻辑化的深度加工时，就不再满足图式加工的条件；如果该任务满足如下条件：任务简单易行，任务对个体认知加工要求较低，任务时间紧迫、压力过大，那么个体就会采用图式对任务进行信息加工。单维 IAT 测验从无意识层面证明了内隐权力理论文化差异的存在。

第三，研究 4 和研究 5 创新性地将带有隐喻性质的权力图片与信号检测论（SDT）的使用相结合，同时考察了参与者对于具象的人物穿衣图片和抽象的文字门牌图片的大小判断偏误。本研究设置所有权力隐喻图片更大的刺激为信号，而所有权力隐喻图片更小的刺激为噪音，来模拟不同文化下两种分布的距离和特征。

第四，研究 6 在确定经济决策价值估计的因变量的时候，依照经济学的理论，参考了两种文化下的汇率、消费者物价指数和计算经济增长率的最终价值的年金公式以及复利终值公式，将经济学的方法和手段应用到心理学问题中来，为我们得出可靠的结果提供了保证。

4.2 对本研究的反思与展望

　　与经验性的文化假设不一致的是，无论是在语料库的研究中，还是在内隐联想测验的情感性研究中，本研究虽然在情感性测验上发现了显著的文化差异，然而这种差异只表现在中国人"更积极"的方向上，美国人并没有如预期所表现得"更消极"。说明内隐权力理论的文化差异只在情感的积极取向上比消极取向上更明显。同时，在内隐联想测验的评价性维度方面，中国参与者和美国参与者都表现出对权力显著的"积极性"评价，这种在认知上的差异性结果可能从一定程度上解释了情感性研究与我们的假设不符合的原因。可能因为对于"权力"在能力、强度和影响力方面的评价，使得美国参与者在表达对权力的情感时，调和了一部分由于文化造成的消极情感。

　　另一方面，只有美国参与者在量表上的得分与 IAT 的结果有显著的相关关系，中国参与者并没有表现出这种相关。而在 IAT 上的发现反映的都是人们对于权力的积极性结果。所以也许可以这样推论，在中国五千年文化深刻影响下的参与者们，对于权力的积极内隐理论已经深入骨髓，不再受外在相似概念和变量的影响。

如果按照传统理论的划分，本研究只有 SC-IAT 这一内隐测验是完完全全的"内隐"社会认知研究，而心理物理学在"隐喻"方面的权力实验，也许勉强能算"内隐"的研究。

但是，经过认知心理学多年的研究，心理学研究者们主张"内隐"和"外显"的关系不再像之前所理解的"冰山"似的线性关系，两者应该更加有机地相结合。正如杨治良在研究内隐记忆时所提到的，内隐记忆更像一座大厦的钢筋部分，而外显记忆是框架结构的水泥部分。如果单有钢筋或者单有水泥，都构不成框架；只有它们有机地结合在一起，才能撑起一座大厦。（杨治良 & 高桦，1998）

本研究所立足的"内隐理论"，是从广义上囊括了"一个人对于这个世界的某些方面是怎么样潜在的、共享的假设"的。所以，关于日常用语的分析、关于主要心理变量的测量都应该算作"内隐理论"的组成部分。这也应该是社会心理学家将一些重要和基本的社会性变量纳入心理学研究时应该考虑的问题。

有关内隐权力理论的认知实验结果显示，在权力的图

片觉知上发现的文化差异结果在人物图片和门牌图片上的
文化差异方向不一致。对于人物图片中，中国参与者的权
力偏好更显著；而对于门牌图片中，美国参与者的权力偏
好更显著。这种觉知上的文化分离现象可能产生于两个方
面：一方面，可能人物图片的具象性所带来的觉知效应与
情感处于同一层面，所以得出了与情感 IAT 相一致的结
果；而门牌图片的抽象性特征促使参与者联想到权力拥有
者的能力特性，因此得出了与评价性 IAT 相一致的结果。
另一方面，门牌内容的设定是根据人物图片着装的操作性
检验结果来选取的。该结果显示，中国参与者对于领导的
权力线索更为敏感，而美国参与者对于管理者的权力线索
更为敏感，这使得门牌在不同文化中加强了权力线索的作
用，权力启动效应产生了叠加，这可能成为门牌实验没有
验证原始假设的解释。

　　此外，按照之前社会心理学领域研究权力概念问题的
研究者的观点，个体主义文化下的人们倾向于将"权力"
作为一种个人性的、与个体有关的概念；而水平的集体主
义文化下的人们更倾向于将"权力"作为一种社会性的概
念。但是，目前并没有关于垂直的集体主义文化下的经验
性结论和证据（Torelli & Shavitt，2010）。而本研究通过
评价性 SC-IAT 在两种文化下的实测发现，中国参与者比
美国参与者在权力和积极的评价性形容词上的联结更为紧
密。这在一定程度上对之前的研究理论有所补充和启示，

因为当考察权力与作为象征"权力"的强大词的关联程度时，垂直的个体主义文化下的参与者们并没有垂直的集体主义文化下的人们更高的敏感程度和更快的反应时。

内隐权力理论是一个涵盖十分深广的概念，而本书仅对其中一些方面——内隐权力理论在情感、认知和行为方面的文化差异做了探讨。研究的部分结论对于政策制定与不同文化下政治体制和一些社会问题的处理方式有一定启示。比如，跨国公司如何进行不同文化下的公司治理？政治制度制定以及进行政治改革的时候，什么样的社会适合铁血政策，而什么样的社会更适合怀柔政策？是否需要结合不同文化下的普通人对于权力的看法来进行相应的决策和政治反应？

对于第 2 章所提到的内隐权力理论文化差异的其他方面，例如伦理的差异、形象的差异、制度的差异和侧重点的差异等，虽然都有涉及，但本书没能设计独立的实验研究去对文化维度的每一个方面进行一一证明和对应。然而内隐权力理论作为一种对社会生活和政治制度影响深广的核心理论，文化差异的各个方面都有研究的价值和现实意义。

附录

附录 A　权力距离问卷

英文版：

Listed below are a number of statements about your thoughts, feelings, and behaviors. Select the number that best matches your agreement or disagreement with each statement. Use the following scale, which ranges from 1 (strongly disagree) to 7 (strongly agree). There are no right or wrong answers.

1. supervisors should make most decisions without consulting subordinates.

2. supervisors should not ask subordinates for advice, because they might appear less powerful.

3. Decision making power should stay with top management in the organization and not be delegated to

lower level employees.

4. Employees should not question their manager's decisions.

5. A manager should perform work which is difficult and important and delegate tasks which are repetitive and mundane to subordinates.

6. Higher level supervisors should receive more benefits and privileges than lower level supervisors and professional staff.

7. supervisors should be careful not to ask the opinions of subordinates too frequently, otherwise the manager might appear to be weak and incompetent.

中文版：

下面的这些陈述是关于你的想法、感觉和行为的。请从 1 到 7 中选出一个最合适的数字来表示你同意每条陈述的程度，然后把它圈起来，1 是非常反对，7 是非常赞成。答案没有正误之分。

1. 上级做大多数的决定都没有必要咨询下级。

2. 上级不应该征求下级的意见，因为这可能会让人感觉他们没有决策权力。

3. 决策权力应该属于组织的领导人而不是由下级来掌握。

4. 员工不应该怀疑上级的决策。

5. 上级应该主要从事重要的和困难的工作，而把一些日常性的和常规性的工作交给下级完成。

6. 上级应该比下级获得更多的福利和特殊照顾。

7. 上级不要太频繁地咨询下级，否则会显得很懦弱和无能。

附录 B 社会支配取向问卷

英文版：

Listed below are a number of statements about your thoughts, feelings, and behaviors. Select the number that best matches your agreement or disagreement with each statement. Use the following scale, which ranges from 1 (strongly disagree) to 7 (strongly agree). There are no right or wrong answers.

1.Some groups of people are simply inferior to other groups.

2.In getting what you want, it is sometimes necessary to use force against other groups.

3.It's okay if some groups have more of a chance in life than others.

4.To get ahead in life, it is sometimes necessary to step on other groups.

5.If certain groups stayed in their place, we would have fewer problems.

6.It's probably a good thing that certain groups are at the top and other groups are at the bottom.

7.Inferior groups should stay in their place.

8.Sometimes other groups must be kept in their place.

9.It would be good if groups could be equal.

10.Group equality should be our ideal.

11.All groups should be given an equal chance in life.

12.We should do what we can to equalize conditions for different groups.

13.Increased social equality.

14.We would have fewer problems if we treated people more equally.

15.We should strive to make incomes as equal as possible.

16.No one group should dominate in society.

中文版：

下面的这些陈述是关于你的想法、感觉和行为的。请从 1 到 7 选出一个最合适的数字来表示你同意每条陈述的程度，然后把它圈起来，1 是非常反对，7 是非常赞成。答案没有正误之分。

1. 有些群体本来就不如其他群体。

2. 为了得到想要的东西，有时对其他群体必须使用一些强制力量。

3. 在生活中一些群体比其他群体拥有更多的生存发展机会，那也是无可厚非的。

4. 为了在一生中出人头地，有时候拿别人当梯子是必要的。

5. 如果某些群体能够安分地留在他们的位置上，我们就会减少很多麻烦。

6. 一些群体处在上层，另一些群体处在下层，或许也是件好事情。

7. 比较差的群体应该安分地留在他们自己的位置上。

8. 有时候其他群体必须被限制在他们自己的地方。

9. 如果各群体都是平等的，那将是一件挺好的事情。

10. 社会各群体相互平等应该成为我们的理想。

11. 所有群体在生活中都应该拥有相同的生存发展机会。

12. 我们应尽全力来使不同群体的待遇达到平等。

13. 我们应该更多地加强社会平等。

14. 如果我们更加平等待人，就不会有这么多问题。

15. 我们应致力于使大家的收入尽可能相等。

16. 社会发展是由少数精英推动的。

附录 C 右翼权威主义英文问卷

1.People should develop their own personal standards about good and evil and pay less attention to the Bible and other, old traditional forms of religious guidance.

2.What our country really needs instead of more "civil rights" is a good stiff dose of law and order.

3.The days when women are submissive should belong strictly in the past. A "woman's place" in society should be wherever she wants to be.

4.The withdrawal from tradition will turn out to be a fatal fault one day.

5.There is no such crime to justify capital punishment.

6.Obedience and respect for authority are the most important values children should learn.

7.Homosexual long-term relationships should be treated as equivalent to marriage.

8.What our country really needs is a strong, determined president who will crush evil and set us on our right way again.

9.It is good that nowadays young people have greater freedom "to make their own rules" and to protest against things they don't like.

10.Being virtuous and law-abiding is in the long run better for us than permanently challenging the foundation of our society.

11.It is important to protect the rights of radicals and deviants in all ways.

12.The real keys to the "good life" are obedience, discipline, and virtue.

附录 D　右翼权威主义中文问卷

下面的这些陈述是关于你的想法、感觉和行为的。请从 1 到 7 选出一个最合适的数字来表示你同意每条陈述的程度，然后把它圈起来，1 是非常反对，7 是非常赞成。答案没有正误之分。

1.我们的国家需要一个强势的领导人，以便消除目前社会上发生的极端不道德的事件。

2.我们的国家需要一些自由的思想者，以便鼓舞人们打破传统，即便这样会让很多人感到沮丧。

3.那些传统的生活方式和传统的价值观念现在仍然对我们适应生活帮助最大。

4.如果我们能对反传统的价值观给予更多的容忍和理解的话，我们的社会将变得更好。

5.流产、色情等都是天理难容的事情，要竭力避免，以免惨遭报应；类似强奸这样的事情定当得到严厉惩罚。

6. 社会需要给人们提供一个开放的氛围，以便大家自由思考；而不是需要一个强硬的领导人。这个世界并不是充满着邪恶和危险。

7. 如果报纸的发刊能得到很好地审查，而阻止人们获得破坏性的、肮脏的信息的话，那将是很好的事情。

8. 很多的好人都在挑战权威、质疑教规（信仰）或是漠然于"惯用的生活方式"。

9. 我们的祖先应该为创造了这个社会而感到荣幸，而同时我们也应该尽力及时阻止那些破坏它的人。

10. 人们应该不那么重视宗教和信仰，而是应该建立自己的道德标准。

11. 现在有如此多的激进分子和不道德的行为，我们的社会应该阻止它们。

12. 对于一种不好的文化，接受它比审查它要更好。

13. 事实表明，为了维护法律和社会秩序，我们必须严厉打击犯罪行为和不道德的性关系。

14. 如果肇事的人都能得到理性的和人性化的对待的话，现在的社会会更好。

15. 社会需要每一个公民都承担起消除内部毒害分子的职责。

附录 E　人物图片

图 E-1　人物图片材料——适用于美国文化

图 E-2　人物图片材料——适用于中国文化

附录 F 门牌图片

图 F-1 门牌图片材料——适用于美国文化

图 F-2 门牌图片材料——适用于中国文化

附录 G 感知测试实验指导语

本实验中，您将看到一些成对出现的图片。请按键判断它们的相对大小／高矮。如果出现的图片是门牌，请判断哪一个面积大一点：如果左边的图片大请按"e"键，如果右边的图片大请按"i"键。如果出现的图片是人物，请判断哪个小人高一点：如果左边的人高请按"e"键，如果右边的人高请按"i"键。

每对图片出现之前，您都会看到一个"十"字形的注视点，提醒您集中注意力。每对图片会保持 4 秒的呈现时间。这是一个记录反应时的实验，请您务必在 4 秒内做出反应。

附录 H　价值判断情景故事

中文版：

刘琪是一名普通雇员，有一天她沿着海滩散步时在沙中捡到了一枚金戒指。刘琪并不知道，这枚戒指购于 1985 年。据一家国际珠宝鉴定刊物《世界珠宝商》所刊载，这枚戒指在当时市价为 1000 元。

陈华是一名北京的官员，他最近搬进了一间新的公寓。当拆卸包裹时，他发现有一把古董座椅不小心与他的行李一道送到了公寓。在古董座椅的装箱上并没有可追踪的标签或者其他的可辨识信息，搬家公司也让他把椅子收为己用。陈华并不知道这把座椅值多少钱。然而《古董杂志》上的一个旧专题则指出这把椅子在 1985 年价值 3500 元。

李明是一个学生，他为一个制造冰毒的非法组织工作。1985年，李明的妈妈为他买了一张面值2000元的市政债券，并且把它藏到了柜子顶部。但是，当李明的妈妈病重时，忘了自己把债券放到哪了。当李明准备搬家的时候，他竭尽所能也没找到那张债券。这张债券尚未到期，上面也并没有归属签名，所以每个拿到它的人都可以保存或者拿它兑现。

赵江是一家慈善组织的主席。最近有一次他在公园里闲逛，想在长椅上坐下休息一会儿时，一个装有稀有纪念币的信封从他口袋里滑出来掉到了地上。赵江从一个朋友那里得到了这些纪念币，但是他并不知道这些纪念币的价值。他也不知道在1985年收藏拍卖行将这些纪念币估价为5000元。

英文版：

Nancy, an employee at a local grocery store, was walking along the beach when she found a gold ring in the sand. However, Nancy had no idea that the ring had been purchased in 1985. According to *World Jeweler*, an international jewelry appraisal publication, the ring was worth 100 Dollars at the time it was purchased.

Alex, a government official working for the governor's office, recently moved to a new apartment. When unpacking, he found an antique chair that was accidentally delivered to his house along with his belongings. There is no tracking label or other identification information on the chair's packaging, and the moving company tells him to keep the chair.Alex does not know how much the chair is worth.However, an old issue of *Antique Magaz* ineindicates that the chair was worth 350 Dollars in 1985.

Chris is a student who works in a drug store.In 1985, Chris's mother purchased a municipal bond for her for $200 and hid it in the top of a closet at their apartment. However, when Chris's mother became ill, she forgot where she put the bond.When Chris recently moved out of the apartment, despite her best efforts, she couldn't find the bond. The bond does not have a name endorsed on it, so that anyone can keep it or cash it.

Kendall is the director of a charity organization.He was recently walking in the park when he sat down on a bench to have a rest. As he sat down, an envelope containing rare commemorative coins slipped out of his pant pocket and onto the ground. Kendall had received the coins from a friend, but he did not know how much they were worth. Kendall doesn't know it, but in 1985 Collectibles Auction Housevalued the coins at 500 Dollars.

参考文献

英文文献

[1] Abbott, D., et al. (2003). Are subordinates always stressed? A comparative analysis of rank differences in cortisol levels among primates.Hormones and Behavior, 43 (1), 67–82.

[2] Acton, L. (1887).Letter to Bishop Mandell Creighton.Retrieved August, 10, 2008.

[3] Adelman, J.S., Brown, G.D.A., Quesada, J.F. (2006). Contextual diversity, not word frequency, determines word–naming and lexical decision times. Psychological Science, 17 (9), 814–823.

[4] Adorno, T.W., et al. (1950). The authoritarian personality.New York : Harper&Row.

[5] Akrami, N., & Ekehammar, B. (2006). Right–

wing authoritarianism and social dominance orientation: Their roots in Big-Five Personality Factors and facets.Journal of Individual Differences, 27 (3), 117.

[6] Altemeyer, B. (1998). The other "authoritarian personality".Advances in Experimental Social Psychology, 30, 47-92.

[7] Altemeyer, B. (2004). Highly dominating, highly authoritarian personalities.The Journal of Social Psychology, 144 (4), 421-448.

[8] Anderson, C., & Galinsky, A. (2006). Power, optimism, and risk taking.European Journal of Social Psychology, 36 (4), 511-536.

[9] Archer, J. (2006). Testosterone and human aggression : an evaluation of the challenge hypothesis. Neuroscience & Biobehavioral Reviews, 30 (3), 319-345.

[10] Asendorpf, J.B., & Van Aken, M.A.G. (1993). Deutsche Versionen der Selbstkonzeptskalen von Harter.Zeitschrift für Entwicklungspsychologie und pädagogische Psychologie, 25 (1), 64-96.

[11] Baker, L., & Brown, A.L. (1984). Metacognitive skills and reading.Handbook of reading research, 1,

353-394.

[12] Banaji, M.R. (2001). Implicit attitudes can be measured.The nature of remembering : Essays in honor of Robert G.Crowder, 117-150.

[13] Barsalou, L.W. (2008). Cognitive and neural contributions to understanding the conceptual system.Current Directions in Psychological Science, 17 (2), 91.

[14] Bernhardt, P. (1997). Influences of serotonin and testosterone in aggression and dominance: Convergence with social psychology. Current Directions in Psychological Science, 6 (2), 44-48.

[15] Blanton, H., et al. (2006). Decoding the implicit association test : Implications for criterion prediction. Journal of Experimental Social Psychology, 42 (2), 192-212.

[16] Bochner, S., & Hesketh, B. (1994). Power distance, individualism/collectivism, and job-related attitudes in a culturally diverse work group. Journal of Cross-Cultural Psychology, 25 (2), 233.

[17] Bond, M., & Hwang, K. (1986). The social psychology of Chinese people. The psychology of the

Chinese people, 213-266.

[18] Boroditsky, L., & Ramscar, M. (2002). The roles of body and mind in abstract thought.Psychological Science, 13 (2), 185.

[19] Bourhis, R., & Brauer, M. (2006). Special Issue : Notes concerning the EJSP Thematic Issue on "Social Power". European Journal of Social Psychology, 36 (4), 433-434.

[20] Bower, G.H. (1981). Mood and memory.American Psychologist, 36 (2), 129.

[21] Bratman, M. (1999). Faces of intention : Selected essays on intention and agency. Cambridge Univ Pr.

[22] Brewer, M.B. (1997). On the social origins of human nature.

[23] Briñol, P., et al. (2008). Embodied persuasion: Fundamental processes by which bodily responses can impact attitudes.Embodiment grounding. Social, cognitive, affective, and neuroscientific approaches, 184-207.

[24] Broadbent, D.E. (1971). Decision and stress : Academic P.

[25] Brown, P., & Levinson, S. (1987). Politeness : Universals in language usage.Cambridge : CUP.

[26] Caporael, L.R. (1997). The evolution of truly social cognition : The core configurations model. Personality and Social Psychology Review, 1 (4), 276−298.

[27] Carney, D.R., Hall, J.A., LeBeau, L.S. (2005). Beliefs about the nonverbal expression of social power.Journal of Nonverbal Behavior, 29 (2), 105−123.

[28] Chen, S., Lee−Chai, A.Y., Bargh, J.A. (2001). Relationship orientation as a moderator of the effects of social power. Journal of Personality and Social Psychology, 80 (2), 173.

[29] Cheung, F.M., et al. (2001). Indigenous Chinese Personality Constructs Is the Five−Factor Model Complete ? Journal of Cross−Cultural Psychology, 32 (4), 407−433.

[30] Chiu, C., Hong, Y., Dweck, C.S. (1997).Lay dispositionism and implicit theories of personality. Journal of Personality and Social Psychology, 73 (1), 19.

[31] Cho, Y. & Fast, N.J. (2011).Power, defensive denigration, and the assuaging effect of gratitude expression. Journal of Experimental Social

Psychology.

[32] Chomsky, N. (1959).A note on phrase structure grammars.Information and Control, 2 (4), 393-395.

[33] Clark, H.H., & Wasow, T. (1998). Repeating words in spontaneous speech.Cognitive Psychology, 37 (3), 201-242.

[34] Clore, G.L., Schwarz, N., Conway, M. (1994). Affective causes and consequences of social information processing.Handbook of Social Cognition, 1, 323-417.

[35] Cole, M., & Gay, J. (1972).Culture and Memory1.American Anthropologist, 74 (5), 1066-1084.

[36] D'andrade, R., Shweder, R., LeVine, R. (1984). Culture theory : Essays on mind, self, and emotion. Cambridge : Cambridge University Press.

[37] Dabbs Jr, J.M., &Hargrove, M.F. (1997).Age, testosterone, and behavior among female prison inmates.Psychosomatic Medicine, 59 (5), 477-480.

[38] Damasio, A. (2008).Descartes' error : Emotion, reason and the human brain : Vintage Digital.

[39] Darwin, C. (1874).The expression of the emotions in man and animals : D.Appleton and company.

[40] De Houwer, J., et al. (2009).Implicit measures : A normative analysis and review.Psychological Bulletin, 135 (3), 347.

[41] De Waal, F. (2007).Chimpanzee politics : Power and sex among apes : Johns Hopkins Univ Pr.

[42] Dweck, C.S., Chiu, C., Hong, Y. (1995). Implicit theories and their role in judgments and reactions : A word from two perspectives.Psychological Inquiry, 6 (4), 267-285.

[43] Duckitt, J., et al. (2002). The psychological bases of ideology and prejudice : Testing a dual process model. Journal of Personality and Social Psychology, 83 (1), 75.

[44] Duguid, M.M., & Goncalo, J.A. (2012). Living Large. Psychological Science, 23 (1), 36-40.

[45] Duriez, B., & Van Hiel, A. (2002). The march of modern fascism.A comparison of social dominance orientation and authoritarianism.Personality and Individual Differences, 32 (7), 1199-1213.

[46] Egolf, D.B., & Corder, L.E. (1991). Height differences of low and high job status, female and

male corporate employees.Sex Roles, 24（5）, 365–373.

[47] Eibl-Eibesfeldt, I.（1989）. Familiality, xenophobia, and group selection. Behavioral and Brain Sciences, 12（3）, 523–523.

[48] Ekehammar, B., et al.（2004）. What matters most to prejudice : Big Five personality, Social Dominance Orientation, or Right - Wing Authoritarianism? European Journal of Personality, 18（6）, 463–482.

[49] Emerson, R.M.（1962）. Power-dependence relations.American Sociological Review, 31–41.

[50] Erdley, C.A., &Dweck, C.S.（1993）. Children's implicit personality theories as predictors of their social judgments.Child Development, 64（3）, 863–878.

[51] Etkin, A., et al.（2004）. Individual differences in trait anxiety predict the response of the basolateral amygdala to unconsciously processed fearful faces. Neuron, 44（6）, 1043–1055.

[52] Fast, N.J., et al.（2009）. Illusory Control : A Generative Force Behind Power's Far-Reaching Effects.Psychological Science, 20（4）, 502–508.

[53] Fast, N.J., Halevy, N., Galinsky, A.D. (2012). The destructive nature of power without status. Journal of Experimental Social Psychology, 48 (1), 391-394.

[54] Feldman, S. (2003). Enforcing social conformity : A theory of authoritarianism. Political Psychology, 24 (1), 41-74.

[55] Fernandez, D.R., & Perrewé, P.L. (1995). Implicit stress theory : An experimental examination of subjective performance information on employee evaluations. Journal of Organizational Behavior, 16 (4), 353-362.

[56] Fiske, S.T. (1993). Controlling other people : The impact of power on stereotyping. American Psychologist, 48 (6), 621.

[57] Fiske, S.T., Gilbert, D.T., Lindzey, G. (2010). Handbook of social psychology (Vol.2) : Wiley.

[58] Foucault, M., & Gordon, C. (1980). Power/ knowledge : Selected interviews and other writings, 1972-1977 : Vintage.

[59] Fragale, A.R., Overbeck, J.R., Neale, M.A. (2011). Resources versus respect : Social judgments based on targets' power and status positions. Journal

of Experimental Social Psychology, 47（4）, 767–775.

[60] Francis, M., & Pennebaker, J.（1993）. LIWC: Linguistic inquiry and word count. Dallas, T.: Southern Methodist University.

[61] French, J., Raven, B., Cartwright, D.（1959）. Studies in social power. Ann Arbor: University of Michigan Press, 150–167.

[62] Frieze, I.H., Olson, J.E., Good, D.C.（1990）. Perceived and Actual Discrimination in the Salaries of Male and Female Managers1.Journal of Applied Social Psychology, 20（1）, 46–67.

[63] Funke, F.（2005）.The dimensionality of right - wing authoritarianism: Lessons from the dilemma between theory and measurement. Political Psychology, 26（2）, 195–218.

[64] Furnham, A., & Henley, S.（1988）.Lay beliefs about overcoming psychological problems. Journal of Social and Clinical Psychology, 6（3–4）, 423–438.

[65] Furr, L.A., Usui, W., Hines - Martin, V.（2003）. Authoritarianism and attitudes toward mental health services. American journal of orthopsychiatry, 73（4）, 411–418.

[66] Georgesen, J., &Harris, M. (1998). Whys' my boss always holding me down? A meta-analysis of power effects on performance evaluations.Personality and Social Psychology Review, 2 (3), 184.

[67] Gerstner, C.R., & Day, D.V. (1994). Cross-cultural comparison of leadership prototypes. The Leadership Quarterly, 5 (2), 121-134.

[68] Giddens, A. (1984). The constitution of society : Outline of the theory of structuration : Univ of California Press.

[69] Giessner, S.R., &Schubert, T.W. (2007).High in the hierarchy : How vertical location and judgments of leaders' power are interrelated.Organizational behavior and human decision processes, 104 (1), 30-44.

[70] Gladue, B., Boechler, M., McCaul, K. (1989). Hormonal response to competition in human males. Aggressive Behavior, 15 (6), 409-422.

[71] Greenfield, P.M. (1972).Oral or written language : The consequences for cognitive development in Africa, the United States and England. Language and speech, 15 (2), 169-178.

[72] Greenwald, A.G., & Banaji, M.R. (1995).Implicit

social cognition : attitudes, self-esteem, and stereotypes. Psychological Review, 102 (1), 4.

[73] Greenwald, A.G., & Farnham, S.D. (2000).Using the implicit association test to measure self-esteem and self-concept. Journal of Personality and Social Psychology, 79 (6), 1022.

[74] Greenwald, A.G., McGhee, D.E., Schwartz, J.L.K. (1998). Measuring individual differences in implicit cognition : the implicit association test. Journal of Personality and Social Psychology, 74 (6), 1464.

[75] Greenwald, A.G., Nosek, B.A., Banaji, M.R. (2003). Understanding and using the implicit association test : I.An improved scoring algorithm. Journal of Personality and Social Psychology, 85 (2), 197.

[76] Gruenfeld, D.H., et al. (2008).Power and the objectification of social targets. Journal of Personality and Social Psychology, 95 (1), 111-127.

[77] Guinote, A., &Vescio, T.K. (2010). The social psychology of power : The Guilford Press.

[78] Hall, J.A., Coats, E.J., LeBeau, L.S. (2005). Nonverbal behavior and the vertical dimension of

social relations : a meta-analysis. Psychological Bulletin, 131（6）, 898.

[79] Halliday, M.A.K., James, Z.（1993）. A quantitative study of polarity and primary tense in the English finite clause.Techniques of description : Spoken and written discourse. London : Routledge, 32-66.

[80] Haney, C., & Zimbardo, P.（1998）. The past and future of US prison policy : Twenty-five years after the Stanford Prison Experiment. American Psychologist, 53（7）, 709.

[81] Henry, J.（1955）. S ymposium : Projective testing in ethnography. American Anthropologist, 57（2）, 245-270.

[82] Hiel, A.V., & Mervielde, I.（2002）. Explaining conservative beliefs and political preferences : A comparison of social dominance orientation and authoritarianism. Journal of Applied Social Psychology, 32（5）, 965-976.

[83] Higham, P.A., & Carment, D.W.（1992）. The rise and fall of politicians : The judged heights of Broadbent, Mulroney and Turner before and after the 1988 Canadian federal election. Canadian Journal of Behavioural Science/Revue canadienne des

sciences du comportement, 24（3）, 404.

[84] Hofstede, G.（1980）. Culture's consequences : National differences in thinking and organizing. Beverly Hills, Calif. : Sage.

[85] Hofstede, G.（1996）. Managementul structurilor multiculturale.Editura Economic , Bucure ti.

[86] Hong, Y., et al.（2000）. Multicultural minds : A dynamic constructivist approach to culture and cognition. American Psychologist, 55（7）, 709.

[87] Hsu, F.L.K.（1960）. Cultural differences between East and West and their significance for the world today.Tsing Hua Journal of Chinese Studies.New Series, II, núm.I, 216.

[88] Hsu, F.L.K.（1963）. Clan, caste, and club : Van Nostrand New York.

[89] Huang, L.L., & Liu, J.H.（2005）. Personality and social structural implications of the situational priming of social dominance orientation. Personality and Individual Differences, 38（2）, 267-276.

[90] Hunston, S.（2002）. Corpora in applied linguistics : Cambridge University Press.

[91] Hwang, K.K.（1995）. The struggle between Confucianism and legalism in Chinese society and

productivity : A Taiwan experience.In K.K.Hwang（Ed.）, Easternization : Socio-cultural Impact on Productivity（pp.15-56）. Tokyo, Japan : Asian Productivity Organization.

[92] Hume, D.（1978）. A treatise of human nature（2nd ed.）. Oxford : Clarendon Press.

[93] Jacoby, L.L.（1991）. A process dissociation framework : Separating automatic from intentional uses of memory.Journal of Memory and Language, 30（5）, 513-541.

[94] Jacoby, L.L., & Dallas, M.（1981）. On the relationship between autobiographical memory and perceptual learning. Journal of Experimental Psychology : General, 110（3）, 306.

[95] Jordan CH, Spencer SJ, Zanna MP.（2002）. "I love me... I love me not" : implicit self-esteem, explicit self-esteem, and defensiveness.In Motivated Social Perception : The Ninth Ontario Symposium, ed.SJ Spencer, S Fein, MP Zanna, JM Olson. Mahwah, NJ : Erlbaum

[96] Jost, J.T., Banaji, M.R., Nosek, B.A.（2004）. A decade of system justification theory : Accumulated evidence of conscious and unconscious bolstering of

the status quo. Political Psychology, 25（6）, 881–919.

[97] Jost, J.T., Nosek, B.A., Gosling, S.D.（2008）. Ideology : Its resurgence in social, personality, and political psychology. Perspectives on Psychological Science, 3（2）, 126–136.

[98] Jostmann, N.B., Lakens, D., Schubert, T.W.（2009）. Weight as an embodiment of importance. Psychological Science, 20（9）, 1169–1174.

[99] Judge, T.A., & Cable, D.M.（2004）. The effect of physical height on workplace success and income : preliminary test of a theoretical model.Journal of Applied Psychology, 89（3）, 428.

[100] Kahneman, D., & Tversky, A.（1984）. Choices, values, and frames. American Psychologist, 39（4）, 341.

[101] Kant, I.（1785）. Fundamental Principles of the Metaphysics of Morals, trans.Thomas Kingsmill Abbott（Raleigh, NC : Alex Catalogue/Boulder, CO : NetLibrary, 1987）, 36–37.

[102] Kant, I.（1999）. Critique of pure reason : Cambridge University Press.

[103] Kant, I.（2008）. Fundamental principles of the

metaphysics of morals : Cosimo Classics.

[104] Karpinski, A., & Hilton, J.L. (2001). Attitudes and the Implicit Association Test. Journal of Personality and Social Psychology, 81 (5), 774.

[105] Karpinski, A., & Steinman, R. (2006). The Single Category Implicit Association Test as a measure of implicit social cognition. Journal of Personality and Social Psychology, 91 (1), 16-32.

[106] Keltner, D., Gruenfeld, D.H., Anderson, C. (2003). Power, approach, and inhibition. Psychological Review, 110 (2), 265.

[107] Kim, P.H., Pinkley, R.L., Fragale, A.R. (2005). Power Dynamics in Negotiation.Academy of Management Review, 30 (4), 799-822.

[108] Kirkman, B.L., Lowe, K., Gibson, C.B. (2006). A quarter century of Culture's Consequences : A review of empirical research incorporating Hofstede's cultural values framework. Journal of International Business Studies, Vol.37, Issue 3, 285-320.

[109] Kraus, M.W., Chen, S., Keltner, D. (2011). The power to be me : Power elevates self-concept consistency and authenticity. Journal of Experimental Social Psychology, 974-980.

[110] Kruglanski, A.W. (1989). Lay epistemics and human knowledge : Cognitive and motivational bases : Plenum Press.

[111] Kučera, H., & Francis, W.N. (1967). Computational analysis of present-day American English. Dartmouth Publishing Group.

[112] Lakoff, G. (1999). Philosophy in the Flesh : Basic books.

[113] Lammers, J., &Stapel, D. (2009). How power influences moral thinking. Journal of Personality and Social Psychology, 97 (2), 279-289.

[114] Langevoort, D.C. (1996). Selling hope, selling risk : some lessons for law from behavioral economics about stockbrokers and sophisticated customers. Cal L.Rev., 84, 627.

[115] Laslett, P., & Locke, J. (1964).Two treatises of government : Cambridge [Eng.] : University Press, 1964 [c1960].

[116] LeDoux, J., & Bemporad, J.R. (1997).The emotional brain. Journal of the American Academy of Psychoanalysis, 25 (3), 525-528.

[117] Levin, S. (2004).Perceived group status differences and the effects of gender, ethnicity, and religion on

social dominance orientation.Political Psychology，25（1），31−48.

[118] Levinson，J.D.，& Peng，K.（2006）.Valuing cultural differences in behavioral economics.bepress Legal Series，1296.

[119] Levy，S.R.，Stroessner，S.J.，Dweck，C.S.（1998）. Stereotype formation and endorsement：The role of implicit theories. Journal of Personality and Social Psychology，74（6），1421.

[120] Lilienfeld，S.O.，Wood，J.M.，Garb，H.N.（2000）. The scientific status of projective techniques. Psychological Science in the Public Interest，1（2），27−66.

[121] Lillard，A.S.（1997）.Other folks' theories of mind and behavior.Psychological Science，8（4），268−274.

[122] Locke，J.，& Carpenter，W.（1943）.Of civil government：JM Dent.

[123] Loewenstein，G.F.，et al.（2001）.Risk as feelings. Psychological bulletin，127（2），267.

[124] Lowie，R.H.（1934）. An introduction to cultural anthropology：Farrar & Rinehart.

[125] Lu，X.，& Peng，K.（in press）.Culture and

Institutional Agency : Difference in Judgments of Economic Behavior and Organizational Responsibilities. Journal of Applied Social Psychology.

[126] Magee, J.C., & Galinsky, A.D. (2008).Social Hierarchy : The Self-Reinforcing Nature of Power and Status.The Academy of Management Annals, 2 (1), 351-398.

[127] Maison, D., Greenwald, A.G., Bruin, R.H. (2004). Predictive validity of the Implicit Association Test in studies of brands, consumer attitudes, and behavior. Journal of Consumer Psychology, 14 (4), 405-415.

[128] Malle, B.F., & Knobe, J. (1997). The folk concept of intentionality. Journal of Experimental Social Psychology, 33, 101-121.

[129] Mannix, E.A., & Neale, M.A. (1993). Power imbalance and the pattern of exchange in dyadic negotiation. Group Decision and Negotiation, 2 (2), 119-133.

[130] Markus, H. (1977). Self-schemata and processing information about the self. Journal of Personality and Social Psychology, 35 (2), 63-78.

[131] Marsella, S.C., & Gratch, J. (2009). EMA : A process model of appraisal dynamics. Cognitive Systems Research, 10 (1), 70-90.

[132] Masson, M., & Graf, P. (1993). Introduction : Looking back and into the future. Implicit memory : New Directions in Cognition, Development, and Neuropsychology, 1-11.

[133] Mazur, A., & Booth, A. (1998). Testosterone and dominance in men. Behavioral and Brain Sciences, 21 (3), 353-363.

[134] McConnell, A.R. (2001). Implicit theories : Consequences for social judgments of individuals. Journal of Experimental Social Psychology, 37 (3), 215-227.

[135] Melamed, T., & Bozionelos, N. (1992). Managerial promotion and height. Psychological reports, 71 (2), 587-593.

[136] Meyer, D.E., & Schvaneveldt, R.W. (1971). Facilitation in recognizing pairs of words : evidence of a dependence between retrieval operations. Journal of Experimental Psychology, 90 (2), 227.

[137] Michener, H.A., & Burt, M.R. (1975). Use of social influence under varying conditions of

legitimacy. Journal of Personality and Social Psychology, 32 (3), 398.

[138] Milgram, S. (1963). Behavioral study of obedience. Journal of Abnormal and Social Psychology, 67, 371-378.

[139] Mills, C.W., & Wolfe, A. (2000). The power elite. Oxford University Press.

[140] Miyamoto, Y., & Ji, L.J. (2011). Power Fosters Context-Independent, Analytic Cognition. Personality and Social Psychology Bulletin.

[141] Moeller, S.K., Robinson, M.D., Zabelina, D.L. (2008). Personality dominance and preferential use of the vertical dimension of space.Psychological Science, 19 (4), 355.

[142] Morris, M.W., Menon, T., Ames, D.R. (2001). Culturally conferred conceptions of agency : A key to social perception of persons, groups, and other actors. Personality and Social Psychology Review, 5 (2), 169-182.

[143] Ng, S.H. (1980). The social psychology of power : Academic press London.

[144] Nietzsche, F.W., Kaufmann, W.A., Hollingdale, R.J. (1968). The will to power : Vintage.

[145] Nosek, B.A., Banaji, M.R., Jost, J.T. (2009). The politics of intergroup attitudes.Social and Psychological bases of ideology and system justification, 480−506.

[146] Nosek, B.A., Greenwald, A.G., Banaji, M.R. (2006). The Implicit Association Test at age 7 : A methodological and conceptual review.Social psychology and the unconscious : The automaticity of higher mental processes, 265−292.

[147] Nosek, B.A., et al. (2007). Pervasiveness and correlates of implicit attitudes and stereotypes. European Review of Social Psychology, 18 (1), 36−88.

[148] Offermann, L.R., Kennedy, J.K., Wirtz, P.W. (1994). Implicit leadership theories : Content, structure, and generalizability. The Leadership Quarterly, 5 (1), 43−58.

[149] Ostrom, T. (1984). The Sovereignty of Social Cognition.In J.Robert S.Wyer&T.K.Srull (Eds.), Handbook of Social Cognition (Vol.1, pp.1−38): Taylor & Francis.

[150] Overbeck, J.R. (2010). Concepts and historical perspectives on power. The Social Psychology of

Power, 19-45.

[151] Overbeck, J., & Park, B. (2006). Powerful perceivers, powerless objects : Flexibility of powerholders' social attention. Organizational Behavior and Human Decision Processes, 99 (2), 227-243.

[152] Payne, B.K., & Gawronski, B. (2010). A history of implicit social cognition : Where is it coming from? Where is it now? Where is it going. Handbook of implicit social cognition : Measurement, theory, and applications, 1-15.

[153] Pavitt, C., & Sackaroff, P. (1990). Implicit theories of leadership and judgments of leadership among group members. Small Group Research, 21 (3), 374-392.

[154] Petty, R., & Cacioppo, J. (1986). The elaboration likelihood model of persuasion.Advances in Experimental Social Psychology, 19, 123-205.

[155] Pfeffer, J. (1992). Understanding power in organizations.California Management Review, 34 (2), 29-50.

[156] Picard, R.W. (2003). Affective computing : challenges. International Journal of Human-

Computer Studies, 59（1）, 55-64.

[157] Plaut, V.（2002）. Cultural models of diversity in America : The psychology of difference and inclusion.Engaging cultural differences : The multicultural challenge in liberal democracies, 365-395.

[158] Pratto, F., et al.（1994）. Social dominance orientation: A personality variable predicting social and political attitudes. Journal of Personality and Social Psychology, 67（4）, 741.

[159] Quinn, N., & Holland, D.（1987）. Culture and cognition.Cultural models in language and thought, 3-40.

[160] Raval, V.V.（2009）. Negotiating Conflict between Personal Desires and Others' Expectations in Lives of Gujarati Women.Ethos, 37（4）, 489-511.

[161] Ray, J., & Sapolsky, R.（1992）. Styles of male social behavior and their endocrine correlates among high©\ranking wild baboons.American Journal of Primatology, 28（4）, 231-250.

[162] Reynolds, K.J., et al.（2001）. The role of personality and group factors in explaining prejudice. Journal of Experimental Social Psychology, 37（5）, 427-434.

[163] Rieber, R.W., & Robinson, D.K. (2001). Wilhelm Wundt in History : The Making of a Scientific Psychology. Kluwer Academic/Plenum.

[164] Robinson, M.D., et al. (2008). The vertical nature of dominance—submission : Individual differences in vertical attention. Journal of Research in Personality, 42 (4), 933-948.

[165] Rucker, D.D., & Galinsky, A.D. (2009). Conspicuous consumption versus utilitarian ideals : How different levels of power shape consumer behavior. Journal of Experimental Social Psychology, 45 (3), 549-555.

[166] Rudman, L.A., & Glick, P. (2002). Prescriptive gender stereotypes and backlash toward agentic women. Journal of Social Issues, 57 (4), 743-762.

[167] Russell, B. (1938). Power : A social analysis. London : Allen&Unwin.

[168] Sapolsky, R.M., Alberts, S.C., Altmann, J. (1997). Hypercortisolism associated with social subordinance or social isolation among wild baboons. Archives of General Psychiatry, 54 (12), 1137.

[169] Sapolsky, R., & Ray, J. (1989). Styles of dominance and their endocrine correlates among wild

olive baboons（Papio anubis）. American Journal of Primatology, 18（1）, 1-13.

[170] Sheldon, K.M., et al.（2007）. Comparing IAT and TAT measures of power versus intimacy motivation. European Journal of Personality, 21（3）, 263-280.

[171] Schacter, D.L.（1987）. Implicit memory : History and current status. Journal of Experimental Psychology : learning, Memory, and cognition, 13（3）, 501.

[172] Schnall, S., Benton, J., Harvey, S.（2008）. With a Clean Conscience. Psychological Science, 19（12）, 1219.

[173] Schneider, I.K., et al.（2011）. Weighty Matters. Social Psychological and Personality Science, 2（5）, 474-478.

[174] Schubert, T.W.（2005）. Your Highness : Vertical Positions as Perceptual Symbols of Power. Journal of Personality and Social Psychology, 89（1）, 1.

[175] Schubert, T.W., Waldzus, S., Giessner, S.R.（2009）. Control over the association of power and size. Social cognition, 27（1）, 1-19.

[176] Schultheiss, O.C., Dargel, A., Rohde, W.（2003）. Implicit motives and gonadal steroid hormones :

Effects of menstrual cycle phase, oral contraceptive use, and relationship status. Hormones and Behavior, 43（2）, 293-301.

[177] Schwartz, B., Tesser, A., Powell, E.（1982）. Dominance cues in nonverbal behavior. Social Psychology Quarterly, 114-120.

[178] Shore, B.（1996）. Culture in mind : Cognition, culture, and the problem of meaning. Oxford University Press, USA.

[179] Sidanius, J., & Pratto, F.（1999）. Social dominance : An integrative theory of social hierarchy and oppression. Cambridge : Cambridge University Press.

[180] Sidanius, J., & Pratto, F.（2001）. Social dominance : An intergroup theory of social hierarchy and oppression. Cambridge Univ Pr.

[181] Sligte, D.J., de Dreu, C.K.W., Nijstad, B.A.（2011）. Power, stability of power, and creativity. Journal of Experimental Social Psychology.

[182] Slovic, P., et al.（2007）. The affect heuristic. European Journal of Operational Research, 177（3）, 1333-1352.

[183] Smith, G., Spillane, N., & Annus, A.（2006）.

Implications of an emerging integration of universal and culturally specific psychologies. Perspectives on Psychological Science, 1（3）, 211.

[184] Smith, P., Dijksterhuis, A., & Wigboldus, D.（2008）. Powerful people make good decisions even when they consciously think. Psychological Science, 19, 1258−1259.

[185] Smith, P., et al.（2008）. Lacking power impairs executive functions. Psychological Science, 19（5）, 441.

[186] Smith, P., & Trope, Y.（2006）. You focus on the forest when you're in charge of the trees : Power priming and abstract information processing.Journal of Personality and Social Psychology, 90（4）, 578.

[187] Salancik, G.R., & Pfeffer, J.（1978）. A social information processing approach to job attitudes and task design. Administrative science quarterly, 224−253.

[188] Son Hing, L.S., et al.（2007）. Authoritarian dynamics and unethical decision making : High social dominance orientation leaders and high right−wing authoritarianism followers. Journal of Personality and Social Psychology, 92（1）, 67.

[189] Stanton, S.J., & Schultheiss, O.C. (2007). Basal and dynamic relationships between implicit power motivation and estradiol in women. Hormones and Behavior, 52 (5), 571–580.

[190] Sternberg, R.J. (1985). Implicit theories of intelligence, creativity, and wisdom. Journal of Personality and Social Psychology, 49 (3), 607.

[191] Sternberg, R.J., & Berg, C.A. (1992). Intellectual development. Cambridge University Press.

[192] Thomsen, L., et al. (2011). Big and mighty : preverbal infants mentally represent social dominance. Science, 331 (6016), 477.

[193] Torelli, C., & Shavitt, S. (2010). Culture and concepts of power. Journal of Personality and Social Psychology, 99 (4), 703–723.

[194] Treisman, A.M. (1969). Strategies and models of selective attention. Psychological Review, 76 (3), 282.

[195] Triandis, H. (1994). Horizontal and vertical individualism and collectivism and work. WORC Paper (47).

[196] Tu, W. (1979). Humanity and self-cultivation. Berkeley, CA : Asian Humanities Press.

[197] Tu, W. (1989). Centrality and commonality : An essay on Confucian religiousness.Albany : State University of New York Press.

[198] Turner, J.C. (1985). Social categorization and the self-concept : A social cognitive theory of group behavior. Advances in group processes : Theory and Research, 2, 77-122.

[199] Tversky, A., & Kahneman, D. (1981). The framing of decisions and the psychology of choice. Science, 211 (4481), 453-458.

[200] Tyler, T.R., & Lind, E.A. (1992). A relational model of authority in groups.Advances in Experimental Social Psychology, 25, 115-191.

[201] Warrington, E.K. (1968). New method of testing long-term retention with special reference to amnesic patients. Nature, 217, 972-974.

[202] Warrington, E.K., & Weiskrantz, L. (1968). A study of learning and retention in amnesic patients. Neuropsychologia, 6 (3), 283-291.

[203] Weber, M. (1947). The theory of social and economic organization (AM Henderson&T.Parsons, Trans.). New York : Oxford University Press.

[204] Weber, M., Rheinstein, M., Shils, E.A. (1954).

Max Weber on law in economy and society（Vol.6）Cambridge, MA. Harvard University Press.

[205] Weick, M., & Guinote, A.（2008）. When subjective experiences matter : power increases reliance on ease of retrieval. Journal of Personality and Social Psychology, 94（6）, 956–970.

[206] Williams, L.E., Bargh, J.A.（2008）. Experiencing physical warmth promotes interpersonal warmth. Science, 322（5901）, 606.

[207] Wong, P.T.P.（1998）. Implicit theories of meaningful life and the development of the personal meaning profi le.In The human quest for meaning ; A handbook of psychological research and clinical applications（pp.111–140）. Mahwah, NJ : Erlbaum.

[208] Young, T.J., & French, L.A.（1996）. Height and perceived competence of US presidents. Perceptual and Motor Skills.

[209] Zakrisson, I.（2005）. Construction of a short version of the Right–Wing Authoritarianism（RWA）scale. Personality and Individual Differences, 39（5）, 863–872.

[210] Zhong, C.B., & Leonardelli, G.J.（2008）. Cold and lonely. Psychological Science, 19（9）, 838.

[211] Zhong，C.B.，et al.（2006）．Power，culture，and action：Considerations in the expression and enactment of power in East Asian and Western societies.Research on managing groups and teams，9（53）.

[212] Aquinas，T.（1931）.《论人灵魂肉身》：公教教育联合会.

[213] Hobbes，T.（2002）.《利维坦：authoritative text，backgrounds，interpretations》.台湾"商务印书馆".

中文文献

[1] 奥古斯丁.（2005）.论三位一体.上海：上海人民出版社.

[2] 孟德斯鸠.（2008）.论法的精神.北京：当代世界出版社.

[3] 尼科洛·马基雅维利.（1985）.君主论.北京：商务印书馆.

[4] 亚里士多德.（1999）.亚里士多德选集：政治学卷.北京：中国人民大学出版社.

[5] 蔡曙山.（2009）.认知科学框架下心理学、逻辑学

的交叉融合与发展.中国社会科学.

[6] 费孝通.（1948）.乡土中国.北京：生活·读书·新知三联书店.

[7] 韩庆祥.（1999）.人的依赖—物的依赖—能力依赖——从权力本位走向能力本位.社会科学战线，3.

[8] 韩雪，童辉杰，邱训荣.（2009）.试论内隐心理健康观.重庆科技学院学报（社会科学版）.

[9] 李军.（2003）.权力涵义探微.北京市政法管理干部学院学报.

[10] 李琼，郭永玉.（2007）.作为偏见影响因素的权威主义人格.心理科学进展.

[11] 李琼，郭永玉.（2008）.社会支配倾向研究述评.心理科学进展.

[12] 李文，毛悦.（2009）.民族国家意识的培育与廉政文化建设——西方和亚洲国家廉政文化建设经验研究.当代亚太.

[13] 李茵，黄蕴智.（2005）.内隐理论的历史视野与当代探索：概念澄清及方法考虑.北京大学教育评论.

[14] 凌文辁，方俐洛，艾尔卡.（1991）.内隐领导理论的中国研究——与美国的研究进行比较.心理学报.

[15] 罗亮.（2010）.新制度主义视阈下的当代中国政治

制度创新探析. 中共南京市委党校学报.

[16] 莫翔.（2011）. 美国、日本的东亚政策与东亚现代
国际体系. 太平洋学报.

[17] 秦平新.（2009）. 建筑英语语料库的建设思想、方
法及应用. 广东工业大学学报（社会科学版）.

[18] 王垒，姚翔，王海妮，等.（2008）. 管理者权力距
离对员工创造性观点产生与实施关系的调节作用.
应用心理学，14（3），203-207.

[19] 王墨耘，傅小兰.（2003）. 内隐人格理论的实体
论—渐变论维度研究述评. 心理科学进展，11
（2），153-159.

[20] 韦庆旺，俞国良.（2009）. 权力的社会认知研究述
评. 心理科学进展（6），1336-1343.

[21] 韦庆旺，郑全全.（2008）. 权力对谈判的影响研究
综述. 人类工效学，14（2），54-56.

[22] 卫乃兴.（2002）. 基于语料库和语料库驱动的词语
搭配研究. 当代语言学，2（2），6.

[23] 徐祥民，马建红.（1999）. 清官精神的儒学渊源与
当代价值. 法商研究，5.

[24] 杨国枢，余安邦.（1993）. 中国人的社会取向：社
会互动的观点. 中国人的心理与社会行为——理念
及方法篇，台北：巨流图书公司.

[25] 杨刘保.（2005）. 先秦儒学与中国礼治社会. 长春

市委党校学报（6），79-80.

[26]　杨治良，高桦.（1998）. 社会认知具有更强的内隐性：兼论内隐和外显的"钢筋水泥"关系. 心理学报，30（1），1-6.

[27]　张灏.（2006）. 幽暗意识与民主传统：新星出版社.

[28]　张智勇，袁慧娟.（2006）. 社会支配取向量表在中国的信度和效度研究. 西南师范大学学报（人文社会科学版），（2），17-21.

后　记

　　七年弹指一挥间。倏然回首，还会想起当初在明斋面试时，樊富珉教授脸上亲切的笑容。侧耳倾听，那些谆谆教诲流淌在耳边，在樊老师实验室，我收获的不仅是如何让自己变得柔和，更是厚德载物的胸怀。指下轻触，是一叠又一叠团体课的资料、文件和仿佛还带有樊老师体温的朱批的手稿。当我在大洋彼岸独自漂泊的时候，樊老师一句"达观地生活"让我潸然泪下。在她身边，我得以建立的，不仅有自强不息的人生态度，更有行胜于言的作风。

　　十年磨一剑。大三帮彭凯平教授翻译《文化与心理》书稿的时候，我已经决定要踏上心理学这条道路。这些年在求学路途上披荆斩棘，多亏有彭老师的睿智谦和作为明灯，让我得以不断接近文化心理学这一领域。一次又一次地讨论、实验设计、论文修改，彭老师的言传身教将使我终身受益。

　　最诚挚的谢意送给喻丰和林伟鹏，为我一遍又一遍地修改书稿。最真诚的敬意送给我的合作者们——刘诗、Zachary Alexander Rosner、周雪崖、刘丁、叶博涵和李磊，你们对学术的热情一次又一次重燃我的斗志。

感激蔡曙山老师为我提出的文化维度和内隐认知方面的建议，十分感谢李虹老师对我学术生涯的支持！在我为实验设计苦恼不已的时候，感谢钱静老师、贾烜给出的意见。不会忘记柏阳、柴方圆、郑若乔和郑雯文跟我一起在实验室煎熬的日日夜夜，战友们的鼓励永远是最好的催化剂。更不会忘记张黎黎、田林、陈石、鲁小华、张秀琴、何瑾、肖丁宜、苏锐瑞和张娜在精神上给予我的帮助和慰藉，每一次相聚都让我成长、提高。

在美国加州大学伯克利分校心理学系进行一年的联合培养博士交流期间，承蒙 Robb Willer 教授每周的 office hour 与例会的灵感，彭凯平教授实验室吕小薇、Matthew Feinberg、Jennifer Stellar、Saiwing Yeung、Tim Beneke 和 Olga antonenko 的热心指导与帮助，不胜感激。谢意也要送给我的精神导师 Dorothy Lemberger 和 Dora William，你们对我研究的帮助如此无私和令人感动。感谢我从清华到伯克利的每一位实验助理，从 9 字班到 0 字班的学弟学妹们，美裔的和亚裔的 Josephine Cai 和 Celia Hsue，你们的辛勤和汗水圆满了一个又一个实验。感谢我的爸爸妈妈，容忍我自私又任性地赖在学校十年，时刻对我鼎力支持。

　　本研究受到中国国家留学基金委和美国加州大学伯克利分校哈斯商学院 X-Lab 的资助，特此感谢！

杨　芊

2021.12